Spieltheorie

Ein Leitfaden für Anfänger in Sachen Strategie und Entscheidungsfindung

John Ledlin

Inhaltsübersicht

Einführung

Es scheint seltsam, sich bei sozialen Interaktionen an die Mathematik zu wenden, um Hilfe zu erhalten. Mathematische Prinzipien scheinen auf soziale Situationen nicht anwendbar zu sein, da Interaktionen und Beziehungen von Emotionen gesteuert werden oder von diesen abhängen. Spieltheoretiker würden jedoch anders argumentieren. Das Verständnis unserer Emotionen und der rationale Umgang mit unseren Gefühlen in sozialen Kontexten bilden die Grundlage der Spieltheorie.

Wie schneidet man zum Beispiel eine Torte so an, dass jeder mit seinem Stück zufrieden ist? Das ist nicht so einfach, wie wir gerne glauben. Erst in den 1950er Jahren formulierten George Gamow und Marvin Stern die logische Technik, um einen Kuchen für zwei Personen zu schneiden. Dieses Verfahren ist als *"Teilen und Wählen"* bekannt. Person A schneidet den Kuchen an. Person B wählt zuerst. Dadurch ist Person A gezwungen, fair zu sein und den Kuchen gleichmäßig aufzuteilen. Außerdem ist Person B zufrieden, da sie zuerst wählen darf.

Ein Jahrzehnt später entwickelten John Selfridge und John Conway eine Methode, um einen Kuchen für drei Personen zu schneiden. Person A schneidet, und Person B trimmt, da es unwahrscheinlich ist, dass der ursprüngliche Schnitt ein exaktes Drittel ergibt. Dann wählt Person C das erste Stück aus. Danach wählt Person B ihr Stück aus, und Person A nimmt das restliche Stück. Bei den Zuschnitten schneidet nun Person C zuerst, während Person B zuerst ihr Zuschnittstück auswählt. Dann wählt Person A das nächste Stück aus, und schließlich erhält Person C das verbleibende Stück. Da die Schneideperson nie zuerst wählt, sind sie gezwungen, den Kuchen gerecht aufzuteilen. Interessant ist, dass noch keine vernünftige oder rationale Methode gefunden wurde, um eine Torte für größere Gruppen zu teilen, wie z. B. bei Hochzeiten, Geburtstagen oder Jubiläumsfeiern. Daher sind wir derzeit dazu verdammt, bei diesen Feiern keine gleichen Kuchenstücke zu bekommen. Die Ungerechtigkeit ist unvermeidlich.

Das Konzept des neidfreien Kuchenschneidens mag unwichtig erscheinen. Es mag uns egal sein, wie viel Kuchen wir auf einer Party bekommen. Doch wir denken zu oberflächlich. Schließlich stellt der Kuchen lediglich eine Ressource dar. Sicherlich ist ein Kuchen eine triviale Ressource. Wenn es aber um Wasser, Zeit, Geld und Energie geht, dann wird es plötzlich notwendig zu lernen, wie man einen Kuchen so aufteilt, dass alle zufrieden sind.

Das Prinzip des neidfreien Kuchenschneidens ist nur eines der vielen verschiedenen spieltheoretischen Prinzipien. Es betrachtet eine bestimmte soziale Interaktion. In der Spieltheorie gibt es jedoch zahlreiche Theorien, wie das Gefangenendilemma, den Shapley-Wert, das Arrowsche Unmöglichkeitstheorem und Deal or No Deal. Jede von ihnen befasst sich mit einem bestimmten sozialen Kontext. Die Lösungen für diese Prinzipien unterscheiden sich stark voneinander, da jede soziale Interaktion oder jeder Kontext einzigartig ist. Infolgedessen hat jeder soziale Kontext oder jede Interaktion ein anderes Ziel. Daher ist die Spieltheorie ein äußerst nützlicher Zweig der Mathematik, da sie dem Einzelnen zunächst das Ziel jeder sozialen Interaktion vermittelt. Anschließend zeigt sie die logischen Lösungen auf, die zur Erreichung dieses Ziels führen.

Obwohl die Spieltheorie erst im letzten Jahrzehnt offiziell formalisiert wurde, ist sie seitdem zu einem beliebten Zweig unter Denkern, Forschern und sogar Psychologen geworden. In den letzten zwei Jahrzehnten wurden zahlreiche Bücher zu diesem Thema geschrieben, um der Nachfrage in diesem Bereich gerecht zu werden. Die Nachfrage wächst, da die Menschen zu erkennen beginnen, dass das Management kleinerer und größerer sozialer Interaktionen dazu beiträgt, eine bessere Welt zu schaffen, Fairness zu fördern und ein glücklicheres Leben mit stärkeren Beziehungen zu führen. Während die Spieltheorie auf dem Verständnis und der Analyse sozialer Zusammenhänge oder Interaktionen beruht, rät sie von Manipulation ab.

Spieltheorie: A Beginner's Guide to Strategy and Decision-Making soll das Konzept der Spieltheorie erklären und aufzeigen, warum das Erlernen dieses Zweigs der Mathematik für jeden von großem Nutzen und Vorteil ist. Es werden die wichtigsten Prinzipien behandelt, wie das Gefangenendilemma und der Shapley-Wert. Schließlich wird untersucht, wie die Spieltheorie sowohl auf kleinere als auch auf größere gesellschaftliche Zusammenhänge angewendet werden kann. Wie bereits erwähnt, geht es bei diesem Thema nicht darum, zur Manipulation zu ermutigen, sondern vielmehr darum, soziale Kontexte so zu steuern, dass Fairness, Kooperation oder notwendiger Wettbewerb gefördert werden.

Kapitel 1: Was ist Spieltheorie?

Grundlegende Definition

Eine kurze Definition der Spieltheorie ist eine Analyse sozialer Interaktionsmodelle zur Unterstützung der Entscheidungsfindung in diesen sozialen Kontexten. Sie wendet dann die Logik an, um die Entscheidungsfindung für den gegebenen sozialen Kontext vorherzusagen, um die wünschenswertesten oder vorteilhaftesten Ergebnisse zu erzielen.

Da jedoch jede soziale Interaktion oder jeder Kontext einzigartig ist, haben diese Situationen oder Kontexte auch unterschiedliche Ziele oder Zwecke. Da das Ziel für jeden Kontext einzigartig ist, werden unterschiedliche Strategien angewandt, um die besten Ergebnisse zu erzielen. Kurz gesagt, eine Technik kann nicht einfach universell eingesetzt werden. Jeder soziale Kontext erfordert eine gründliche Untersuchung, und es werden unterschiedliche Methoden angewandt.

Da die Spieltheorie Logik und rationales Denken einsetzt, um die besten Ergebnisse für jeden sozialen Kontext zu erzielen, wurde dieses Thema als ein Zweig der Mathematik betrachtet. Da sie sich jedoch auch mit sozialen Interaktionen im kleinen und großen Maßstab befasst, wird sie als eine Fachgruppe der Sozialwissenschaften betrachtet. Einige der Prinzipien befassen sich mit der Entlohnung und den Leistungen von Arbeitnehmern, was sie auch zu einer Unterkategorie der Wirtschafts- und Sozialwissenschaften macht. Die Spieltheorie ist also eine Denkweise, die verschiedene Disziplinen einbezieht. Manchmal wird sie auch als ein Zweig der Psychologie angesehen, da sie die besten Ergebnisse im Zusammenhang mit einer sozialen Interaktion erforscht. Mit anderen Worten: Ein Merkmal der Spieltheorie ist es, zu ermitteln, welches Ergebnis das beste psychologische Wohlbefinden des Einzelnen und der beteiligten Personen fördert.

Geschichte

Die Ursprünge der Spieltheorie sind recht schwer zu bestimmen. Einige Historiker behaupten, dass ihre Ursprünge auf das späte 16. Jahrhundert zurückgehen. Gerolamo Cardano, ein italienischer Universalgelehrter, soll im Jahr 1564 über die Dynamik von Spielen geschrieben haben. Da Cardano das Glücksspiel nutzte, um seinen Lebensunterhalt zu bestreiten, interessierte er sich für die Rolle, die das Glück in Spielen spielt. Außerdem versuchte er, wirksame Betrugsmethoden zu entwickeln, die ihm bei diesem Ziel helfen sollten. In den folgenden Jahrhunderten widmeten sich mehrere Mathematiker wie Blaise Pascal und Ernst Zermelo der kritischen Untersuchung von Spielen. Pascal beschäftigte sich insbesondere mit der Rolle des Zufalls in Spielen, während Zermelo seine Untersuchungen der Funktionsweise des Schachspiels widmete.

Zwanzig Jahre nach Zermelos Arbeit über die Dynamik des Schachspiels erschien in der Spieltheorie eine neue Denkweise, nämlich das Konzept des Nullsummenspiels. Obwohl der Begriff heute alltäglich ist, wurde er erst 1944 in das Oxford

Dictionary aufgenommen. John von Neumann war der Mathematiker, dem die erstmalige Verwendung dieses Begriffs zugeschrieben wird. Von Neumann war ein ungarisch-amerikanischer Mathematiker und Physiker, der sein Leben den mathematischen Modellen und der reinen Mathematik widmete. Bis heute gilt er als einer der besten Mathematiker aller Zeiten. Es war seine Untersuchung des Nullsummenspiels, die mit der formalen Etablierung der Spieltheorie zusammenfiel. Von Neumanns Arbeit umfasste die Untersuchung von Nullsummenspielen und der besten Strategien, die Individuen in solchen Interaktionen anwenden sollten, um die besten Ergebnisse für sich selbst zu erzielen. Mit der Schaffung der Nullsummenspieltheorie wurden jedoch auch Theorien zu verschiedenen Arten von Spielen aufgestellt. Zum Beispiel die Win-Win-, No-Deal-, Lose-Lose- und Win-Lose-Theorien. Win-Lose ist eine andere Bezeichnung für das Nullsummenspiel. Von Neumanns spätere Arbeit verlagerte sich dann von Nullsummenspielen zu Win-Win-Situationen. Im nächsten Abschnitt werden wir uns mit den Modellen oder Grundlagen der verschiedenen Spiele befassen.

Im Anschluss an von Neumanns Beiträge griffen die Mathematiker Merrill M. Flood und Melvin Dreshner von Neumanns Arbeit über das Nullsummenspiel wieder auf und entwickelten 1950 die Theorie des Gefangenendilemmas. Das Gefangenendilemma ist einer der Eckpfeiler der Spieltheorie, da es beschreibt, wie das Modell des Nullsummenspiels auf einen spezifischen Kontext in der Gesellschaft angewendet wird, nämlich die Wahl, die ein Gefangener treffen muss. Wie bei den meisten spieltheoretischen Lösungen sind sie kompliziert und spezifisch für die jeweilige Situation. Die bekannteste Lösung für das Gefangenendilemma ist das Nash-Gleichgewicht, benannt nach dem Mathematiker John Forbes Nash.

In der zweiten Hälfte des 20. Jahrhunderts leistete Nash mit seiner sorgfältigen Beschäftigung mit Nullsummenspielmodellen einen wichtigen Beitrag zur Spieltheorie. Im Jahr 1994 erhielt er den Nobelpreis für Wirtschaftswissenschaften. Sowohl von Neumann als auch Nash gelten als Schlüsselfiguren bei der Entwicklung der Grundsätze der Spieltheorie.

In der Zwischenzeit arbeitete Lloyd Shapley an seiner Arbeit über Strategien und Entscheidungsfindung bei kooperativen Spielen. Ein weiteres Schlüsselprinzip der Spieltheorie, der Shapley-Wert, wurde dank Shapleys Beitrag entwickelt. Später, im Jahr 2012, erhielten Lloyd Shapely und Alvin E. Roth, Wirtschaftsprofessor in Harvard und Stanford, für ihre Arbeit den Nobelpreis für Wirtschaftswissenschaften.

Zusammenfassend lässt sich sagen, dass die Spieltheorie in den 1940er Jahren eingeführt oder formalisiert wurde. Damit ist sie ein junger und neu etablierter Zweig der Mathematik, Wirtschaft und Sozialwissenschaften. Sie ist auch ein ständig wachsendes Gebiet, da verschiedene Wirtschaftswissenschaftler, Mathematiker und Denker die grundlegenden Strategien der Spieltheorie wieder aufgreifen. Ein Beispiel ist der lebende Wirtschaftswissenschaftler Thomas Sowell, der vergleicht, wie sich Nullsummenspiele und Win-Win-Situationen auf soziale Beziehungen und die Demografie auswirken. Obwohl die Spieltheorie ein relativ neues Gebiet ist, hat sie sich im letzten Jahrhundert explosionsartig entwickelt. Dies fällt mit der formalen Anerkennung der Wirtschaftswissenschaften als Studienfach zusammen, denn erst 1968 wurde der Nobelpreis für Wirtschaftswissenschaften zu den ursprünglich fünf Nobelpreisen hinzugefügt.

Verschiedene Arten von Spielen

Was ist ein Spiel?

Ein Spiel zeichnet sich durch mehrere wesentliche Merkmale aus. Erstens: Es gibt Spieler. Das sind Personen, die an den Ereignissen beteiligt sind und deren Entscheidungen die Ergebnisse beeinflussen. Ein Spiel ist abhängig von zwei oder mehr Akteuren, die an der Entscheidungsfindung beteiligt sind. Wenn es nur eine Person gibt, die Entscheidungen trifft, handelt es sich nicht um ein Spiel, da es keinen anderen Akteur gibt, der für die Bestimmung der Ergebnisse verantwortlich ist.

Dann gibt es allgemeine Strategien oder Strategien pro Spieler. Jedes Individuum hat eine gewisse Wahl oder Freiheit, um die Ergebnisse der sozialen Interaktion zu bestimmen. Darüber hinaus - und nicht zu verwechseln mit den Strategien - gibt es die reinen Strategien der Nash-Gleichgewichte. Das Nash-Gleichgewicht bezieht sich auf die Methoden, die es einem Individuum ermöglichen, die bestmöglichen Ergebnisse in einem bestimmten Spiel (einer sozialen Interaktion) zu erzielen, wenn sie umgesetzt werden.

Das letzte Merkmal eines Spiels sind die Ergebnisse. Dies sind die Ereignisse, die sich aus den Strategien der beteiligten Spieler ergeben. Sie sind ein Nebenprodukt der Interdependenz der Entscheidungen der Spieler. Ein Ergebnis verkörpert typischerweise die Belohnung oder den Verlust, den die Spieler erfahren. Die Spieler sind sich von Anfang an darüber im Klaren, welchen Verlust oder welche Belohnung sie nach der Anwendung der gewählten Methode(n) erleiden werden.

Darüber hinaus gibt es noch einige andere Merkmale, die bei einigen Spielen auftreten, bei anderen aber nicht. Glück oder Zufall spielen bei einigen Spielen eine Rolle, aber nicht bei allen. Nehmen wir Schach. Schach ist ein Spiel, das in keiner Weise mit Glück oder Zufall zu tun hat. Selbst wenn einer der Spieler eine kostspielige Entscheidung trifft, wird diese Entscheidung als eine von dem Akteur umgesetzte Strategie betrachtet und ist nicht vom Zufall oder Glück abhängig. Dies unterscheidet sich von Kartenspielen wie Poker, bei denen der Zufall eine Rolle spielt. Den Spielern werden die Karten nach dem Zufallsprinzip zugeteilt. Beim Schach gibt es eine bestimmte Anzahl von Figuren, die auf bestimmte Züge beschränkt sind, so dass der Zufall keine Rolle mehr spielt.

Darüber hinaus sind einige Spiele dadurch gekennzeichnet, ob die Spieler Zugang zu den Strategien des oder der anderen Spieler haben. Wenn dies der Fall ist, spricht man von einem Spiel mit vollständigen Informationen. Wenn nicht, spricht man von unvollständiger Information. Schach ist ein Beispiel für ein Spiel, bei dem vollständige Informationen vorliegen. Da die Figuren, ein Turm oder ein Springer, auf eine bestimmte Anzahl von Zügen beschränkt sind, können die Spieler erfahren, welche Züge für die Positionen der gegnerischen Figuren auf dem Brett möglich sind.

Schließlich wird der Begriff *"Spiel"* hier recht locker verwendet. Ein Spiel kann sich auf jede Situation beziehen, in der mehrere Teilnehmer verschiedene Strategien anwenden, um ein bestimmtes Ziel zu erreichen oder ein gewünschtes Ergebnis zu erzielen. Ausgehend von dieser Definition handelt es sich bei einem Spiel nicht speziell um ein gemeinsam vereinbartes Szenario, in dem Personen zu Unterhaltungszwecken auf ein Ziel hinarbeiten. Es beschreibt jede Situation, in der die Menschen auf Entscheidungen angewiesen sind, um dieses

Ergebnis zu erreichen. Daher kann es sein, dass Sie ein Spiel spielen und sich dieser Tatsache nicht bewusst sind.

Nash-Gleichgewicht

In diesem Buch werden wir uns mit dem Nash-Gleichgewicht aller verschiedenen sozialen Interaktionen in der Spieltheorie befassen und mit den Nash-Gleichgewichten, die nachweislich die besten Ergebnisse für jeden Spieler im jeweiligen Kontext darstellen. Es handelt sich also um Strategien, von denen man sagt, dass sie beiden Spielern den größten Vorteil aus der Interaktion bringen. In der Regel sind die Strategien gleich. Mathematiker haben Methoden entwickelt, die beide Spieler befolgen sollten, um die besten Ergebnisse zu erzielen. Sie sind jedoch nicht universell. Daher ist das Nash-Gleichgewicht für jeden Kontext spezifisch und sollte nicht auf andere Interaktionen übertragen werden.

Wie bereits erwähnt, haben Mathematiker im Laufe der Zeit Formeln entwickelt, um ihre Argumente zu belegen. Es sollte jedoch eingeräumt werden, dass diese bewährten Nash-Gleichgewichte nicht immer als die moralisch richtige Option angesehen werden. Wie in vielen Fällen von Nash-Gleichgewichten sind sie oft zugunsten des eigenen Interesses und nicht zum gegenseitigen Nutzen.

Spieltypen

In diesem Abschnitt werden wir uns mit den grundlegenden Modellen von Spielen befassen. Egal ob es sich um Geschäfte,

Außenpolitik oder Unterhaltung mit Freunden handelt, wenn zwei oder mehr Parteien an den Ergebnissen beteiligt sind, wird es einem der folgenden Modelle folgen.

Kooperative und nicht-kooperative Spiele

Ein kooperatives Spiel ist ein Spiel, bei dem die Spieler gezwungen sind, zu verhandeln, eine Abmachung zu treffen oder einen Konsens zu erreichen, um ein gewünschtes Ergebnis zu erzielen. Die Erzielung der besten Ergebnisse hängt davon ab, dass die beiden Personen in der Lage sind, eine Einigung zu erzielen. Veranstaltungen zur Teambildung sind das beste Beispiel für kooperative Spiele. Ein erfolgreiches Ergebnis kann nur dann erzielt werden, wenn die Teammitglieder in der Lage sind, untereinander zu verhandeln und Rollen zu übernehmen, um ein erfolgreiches Ergebnis zu erzielen. Außerdem ist ein Unternehmen auf die Zusammenarbeit zwischen den Mitarbeitern angewiesen, um die wünschenswertesten Ergebnisse zu erzielen: eine Steigerung des Gewinns, der Kundenzufriedenheit und eine effiziente Produktion oder Produktivität. Aus diesem Grund werden in den Unternehmen Projekte zur Teambildung durchgeführt, um die Fähigkeiten der Arbeitnehmer in kooperativen Spielen zu verbessern.

Ein nicht-kooperatives Spiel ist ein Spiel, bei dem Wettbewerb herrscht. Eine Zusammenarbeit ist nicht möglich, entweder durch die Umstände oder durch eine von den Parteien getroffene Wahl, und die beiden Akteure oder Spieler müssen Strategien verfolgen und umsetzen, die für sie selbst die besten Ergebnisse bringen. Das Gefangenendilemma ist ein Beispiel für ein nicht-kooperatives Spiel. Eine Zusammenarbeit oder Verhandlung zwischen den Gefangenen ist nicht möglich, da sie in getrennten Zellen untergebracht sind und nicht miteinander kommunizieren können. Daher sind beide gezwungen,

Strategien anzuwenden, die für sie selbst die besten Ergebnisse bringen, auch wenn dies für den anderen Gefangenen negative Folgen hat. Im dritten Kapitel werden wir das Gefangenendilemma ausführlicher diskutieren.

Konstantsummen-, Nullsummen- und Nicht-Nullsummenspiele

Nullsummen- und Nicht-Nullsummenspiele haben eine gewisse Ähnlichkeit mit kooperativen und nicht-kooperativen Spielen. Der Hauptunterschied besteht jedoch darin, dass bei Konstantsummen-, Nullsummen- und Nichtnullsummenspielen die Ergebnisse im Vordergrund stehen, während bei kooperativen und kompetitiven Spielen auch die Umstände berücksichtigt werden. Vorhin haben wir uns das Gefangenendilemma angesehen. Es waren die Umgebung oder die Umstände, die eine Zusammenarbeit unmöglich machten.

Ein Konstantsummenspiel ist ein Spiel, bei dem die Ergebnisse konstant bleiben. Ein Nullsummenspiel ist ein Beispiel für ein Konstantsummenspiel, da sich die Ergebnisse nicht ändern.

Ein Nullsummenspiel ist ein Spiel, bei dem, wenn eine Partei oder ein Spieler gewinnt, die andere Partei verlieren muss. Es kann nicht zwei Gewinner geben. Man nennt es Nullsummenspiel, weil das Ergebnis, wenn man die Ergebnisse der einen Person, die gewonnen hat, und die Ergebnisse der anderen Person, die verloren hat, addiert, immer Null ist. Es handelt sich also um ein Konstantsummenspiel, da es immer Null ergibt. Ein Beispiel für ein Nullsummenspiel ist das Pokerspiel. Das Ziel des Spiels besteht darin, dass ein Spieler alle Chips der anderen Spieler mit nach Hause nimmt. Es handelt sich immer noch um ein Konstantsummenspiel, da der Betrag im Pool für den Gewinner gleich bleibt.

Ein Nicht-Nullsummenspiel ist das Gegenteil davon. Ein anderer Name für diese Kategorie von Spielen ist Win-Win. Die Gewinne des einen Spielers führen nicht zu einem Verlust für den anderen Spieler. Wenn man also die Gewinne addiert, ergibt das Ergebnis nicht Null, weshalb es als Nicht-Nullsummenspiel bezeichnet wird. Der Handel ist ein Beispiel für ein Nicht-Nullsummenspiel oder eine Win-Win-Situation. Ein Beispiel: Land A öffnet seine Märkte. Es kann mit Ländern auf der ganzen Welt Handel treiben, um die neuesten Entwicklungen im Gesundheitswesen, in der Technologie und in der Landwirtschaft zu erhalten. Darüber hinaus profitiert auch Land B, das mit Land A Handel treibt, da Land A seine Waren kauft. Somit haben beide Länder mehr, als sie hatten, und die Ergebnisse sind nicht gleich Null.

Symmetrische und asymmetrische Spiele

Symmetrische Spiele sind solche, bei denen beiden Spielern die gleichen Strategien zur Verfügung stehen. Bei einem symmetrischen Spiel handelt es sich im Allgemeinen um ein Spiel der Normalform oder ein Kurzzeitspiel, da es nur eine oder zwei Entscheidungsrunden gibt. Wenn es zu viele Entscheidungsrunden gibt, werden die Spiele im Allgemeinen asymmetrisch, da unterschiedliche Strategien auftreten. Ein Beispiel dafür sind Kandidaten, die sich für ein Vorstellungsgespräch bewerben. Alle Bewerber müssen das gleiche Verfahren oder die gleichen Prozesse durchlaufen, um sich für die Stelle zu bewerben. Sie müssen ein Bewerbungsformular ausfüllen und ein Anschreiben verfassen.

Bei asymmetrischen Spielen müssen nicht beide Spieler die gleichen Entscheidungen treffen. Außerdem führen die Entscheidungen, die beide Spieler treffen können, nicht unbedingt zu den gleichen Ergebnissen. Der Markteintritt und die Gewinnung von Marktanteilen zwischen verschiedenen Unternehmen wird als asymmetrisches Spiel betrachtet. Walmart beispielsweise hat derzeit die meisten Mitarbeiter und unterscheidet sich von Amazon in Bezug auf seine Marketingstrategien und seine Produktion. Amazon kann sich mehr auf Algorithmen verlassen, um die Kundenzufriedenheit aufrechtzuerhalten, während Walmart auf eine angemessene Ausbildung der Mitarbeiter angewiesen ist, um die Kundenzufriedenheit zu erreichen.

Spiele mit Normalform und Extensivform

Vorhin habe ich über einige Merkmale gesprochen, die in manchen Spielen vorkommen und in anderen nicht. Das Thema Zeit habe ich absichtlich nicht angesprochen. Zeit ist ein entscheidendes Element in Spielen.

Ein Spiel in Normalform ist ein Spiel, das nicht von der Zeit beeinflusst wird. Es wird im Allgemeinen als eine Matrix dargestellt. Auf der x-Achse werden die Optionen oder Strategien und Ergebnisse von Person A dargestellt. Die y-Achse füllt die verfügbaren Methoden und möglichen Ergebnisse für Person B aus. Wenn es jeweils zwei mögliche Strategien für Person A und Person B gibt, besteht die Matrix aus insgesamt vier Quadraten. Jedes Quadrat steht für eine andere Strategie und die Ergebnisse, die sie hervorbringt. Anhand dieser Matrix wird die beste Strategie für Person A und B ausgewählt.

Ein Spiel in extensiver Form ist ein Spiel, das von der Zeit beeinflusst wird. Dieses Spiel wird in einem baumartigen Diagramm dargestellt. Jeder Zweig oder Knoten des Baumes steht für eine andere Entscheidung, die eine sekundäre Reihe von Entscheidungen nach sich zieht. Wenn eine bestimmte Entscheidung getroffen wird, ergeben sich daraus weitere Entscheidungsmöglichkeiten, die beide Parteien oder Spieler treffen müssen.

Zusammenfassung

Die Spieltheorie hat eine einzigartige Entwicklung durchgemacht. Wie bereits erwähnt, wurde sie zunächst informell von Cardano entwickelt, der seine Glücksspielfähigkeiten maximieren wollte. Seit von Neumann, Nash und Shapley hat sich das Studium der Spiele weiter etabliert. Die vier grundlegenden Spielarten, die in den vorangegangenen Abschnitten erörtert wurden, geben einen Überblick über die Strukturen der verschiedenen Spieltypen.

Im nächsten Abschnitt werden wir uns ansehen, wie sich diese Grundstrukturen in den verschiedenen Spielen unterscheiden und sie zu einer einzigartigen Art der sozialen Interaktion machen. In der Tat sind es die Veränderungen dieser Konstanten (Strategien und Ergebnisse), die jedes Spiel besonders und interessant machen. Dann werden wir uns Beispiele für spieltheoretische Situationen ansehen und wie Mathematiker diese Herausforderungen lösen oder diese Spiele spielen.

Kapitel 2: Die Anwendungen der Spieltheorie

Einführung

Auf einer ursprünglichen Ebene haben Spiele einen großen Wert für uns. Es gibt eine Vielzahl von Spielen in der Gesellschaft, darunter traditionelle Brettspiele wie Monopoly, Smartphone-Sensationen wie Crazy Birds, Candy Crush oder Pokémon Go und sogar die größten Sportereignisse wie die NBA oder die englische Premier League, die Millionen oder Milliarden von Zuschauern erreichen.

Traditionelle Brettspiele wie Monopoly wurden angepasst, wie z. B. die neueste Version von Monopoly Deal, oder wie Risiko, das mit einem Game of Thrones-Thema neu gestaltet wurde und sich damit den populären Trends in der Unterhaltung anpasst. Wie bereits erwähnt, beinhalten sogar die Teambuilding-Veranstaltungen, die in letzter Zeit in Unternehmen auf der ganzen Welt durchgeführt wurden, ein Spiel. Auf jeder Ebene der Unterhaltung und auf einigen Ebenen der Notwendigkeit, wie z. B. bei der Teambildung, findet man also Spiele. Spielen ist ein weitreichender und vielschichtiger Wirtschaftszweig.

Wenn Sie jedoch das "Game of Thrones"-Erscheinungsbild der modernen Risikoadaption beiseite schieben oder über die Farben Ihrer nationalen Sportmannschaft hinausschauen, werden Sie feststellen, dass die Strukturen dieser Spiele oder Veranstaltungen große Ähnlichkeit mit den vier Spielmodellen haben, über die wir im letzten Kapitel gesprochen haben. Während im vorigen Kapitel versucht wurde, die Frage "Was ist ein Spiel?" zu beantworten, wird in diesem Kapitel versucht, die Frage "Warum spielen wir Spiele?" zu beantworten.

Die Psychologie der Spiele

Da Spielen ein Phänomen ist, das auf allen Kontinenten und sogar bei verschiedenen Säugetieren - typischerweise sozialen Lebewesen - vorkommt, muss man diese Aktivität als mehr als etwas betrachten, das Spaß macht. Vielmehr stellt sich die Frage: "Warum machen Spiele Spaß?" Die einfache Antwort ist, dass Spiele uns erlauben zu spielen. Diese einfache Antwort zwingt zu zwei weiteren Fragen: "Was ist Spielen?" und "Warum macht Spielen Spaß?".

Peter Gray gibt eine Erklärung zum Spiel und geht dabei auf die beiden Fragen ein:

> "Das Spiel ist ein Konzept, das uns mit Widersprüchen konfrontiert, wenn wir versuchen, tief darüber nachzudenken. Es ist ernst und doch nicht ernst; trivial und doch tiefgründig; phantasievoll und spontan und doch an Regeln gebunden. Das Spiel ist nicht real, es findet in einer Fantasiewelt statt, aber es hat mit der realen Welt zu tun und hilft den Kindern, mit dieser Welt zurechtzukommen."

Es gibt zwei wichtige Aspekte, die Gray in der obigen Erklärung erwähnt hat: "an Regeln gebunden" und "es geht um die reale Welt".

Regeln

Alle Spiele sind an Regeln gebunden. Wenn Sie ein Brettspiel kaufen, lesen Sie eine gedruckte Kopie der Regeln, die Ihnen helfen, das Spiel zu erlernen und es effektiv zu spielen. Spiele wie Monopoly und Clue haben eine lange Tradition, so dass die meisten Menschen mit den Regeln vertraut sind.

Auch Kartenspiele haben Regeln. Beim Poker zum Beispiel gibt es eine festgelegte Rangfolge der Blätter, nach der die besten fünf Karten für den Tisch eingestuft werden. Eine typische Regel, die für viele Spiele zu gelten scheint, ist die Zugabgabe. Dies gilt für Kartenspiele, Brettspiele und andere Spiele wie Schach, Darts und Snooker. Daher sind Regeln ein wesentlicher Bestandteil von Spielen.

Es stimmt zwar, dass die verschiedenen Spiele unterschiedliche Regeln haben, aber die Existenz von Regeln ist eine Konstante. Es stimmt, dass Regeln entscheidend sind, um ein faires Spiel zu gewährleisten; die Funktion von Regeln geht jedoch über die bloße Förderung der Fairness hinaus.

Die Regeln definieren das Spiel. Sie geben dem Spiel eine Form oder eine Struktur und machen es einzigartig. Nehmen wir Fußball und Basketball. Der grundlegende Unterschied zwischen Fußball und Basketball besteht darin, dass die Spieler den Ball mit den Füßen kontrollieren müssen (mit Ausnahme des Torwarts), während beim Basketball die Spieler den Ball mit den Händen kontrollieren müssen. Würden die Fußballer anfangen, ihre Hände statt ihrer Füße zu benutzen, würden die Grenzen zwischen Basketball und Fußball ziemlich verschwimmen. Betrachten wir ein weiteres Beispiel. Wenn wir anfangen würden, mit Pfeil und Bogen auf eine Dartscheibe zu zielen, anstatt unsere Arme zu benutzen, um einen Dartpfeil auf eine bestimmte Position auf einer Dartscheibe zu lenken, dann gäbe es kaum noch einen Unterschied zwischen Bogenschießen und Dart. Beim Bogenschießen werden Pfeil und Bogen und Zielscheiben verwendet. Beim Dartsport werden Dartpfeile und Zielscheiben und keine anderen Hilfsmittel verwendet. Wie diese beiden Beispiele zeigen, machen also die Regeln das Spiel aus. Ohne sie könnten diese Spiele nicht gespielt werden und würden nicht existieren.

Wie bereits erwähnt, fördern Regeln auch die Fairness. Es gibt ein tiefes psychologisches Bedürfnis nach Fairness. Ein Sinn für Gerechtigkeit zeigt sich nicht nur bei Menschen, sondern auch bei unseren evolutionären Vettern, den Schimpansen. Jonathan Haidt, ein amerikanischer Sozialpsychologe und Professor für ethische Führung an einer New Yorker Universität, erklärt in seinem TEDx-Vortrag, dass das Konzept der Gerechtigkeit im Menschen verankert ist. Wir wollen auf einer sehr ursprünglichen Ebene, dass es in der Gesellschaft Gerechtigkeit gibt.

Nach dieser Logik ist Fairness eines der Ziele, die Spiele mit der Aufstellung ihrer Regeln zu erreichen versuchen. Außerdem könnte man argumentieren, dass Spiele als eine Art Übungsfeld für Konzepte wie Gerechtigkeit dienen. Von klein auf bringen wir uns selbst und kleinen Kindern bei, wie man nach den Regeln spielt, damit sie Konzepte wie Fairness und Gerechtigkeit kennenlernen. Sie lernen es nicht nur, sondern sie werden auch Teil des Prozesses, diese Regeln in der Gesellschaft zu verankern. Wenn sie zum Beispiel merken, dass sich ihr Mitspieler nicht an die Regeln hält, rufen sie ihn zur Ordnung. Sie drücken die Ungerechtigkeit mit Aussagen wie "du schummelst" oder "das ist nicht fair" aus.

Das wahre Leben darstellen

Nicht nur Spiele sind an Regeln gebunden, sondern auch das wirkliche Leben. Im wirklichen Leben nennt man sie Gesetze, Richtlinien oder Vorschriften. Egal, ob wir einen Ferrari oder einen Kombi besitzen, es gibt beispielsweise Geschwindigkeitsbegrenzungen, da wir die öffentlichen Straßen mit anderen Autofahrern teilen müssen. Für die meisten Nine-to-Five-Jobs gilt die Regel, dass die Mitarbeiter um neun Uhr mit der Arbeit beginnen und um fünf Uhr aufhören müssen. Schließlich ist es Ihnen erlaubt, in die meisten Länder der Welt zu reisen, aber Sie müssen sich an die Flugregeln halten. Sie dürfen an Bord nicht rauchen, müssen Ihre Geräte in der Regel auf Flugmodus schalten und dürfen keine brennbaren Gegenstände oder Sprühdosen mitnehmen.

Der Grund, warum wir Spiele spielen, ist, dass sie uns von klein auf Grenzen und Einschränkungen vermitteln. Es bereitet uns auf die reale Welt vor, in der wir, um an kleineren und größeren sozialen Interaktionen teilzunehmen, eingeschränkt werden müssen. Clue ist zum Beispiel ein Detektivspiel, bei dem es um Verbrechen und Ermittlungen geht. Wenn man den Täter richtig errät, gewinnt man. Wenn man falsch rät, verliert man. Dies spiegelt sehr gut das soziale Bedürfnis wider, dass Polizisten und Ermittler die richtige Person hinter Gitter bringen.

Erstens: Wenn wir uns nicht an die Regeln halten, können wir nicht spielen. Auf diese Weise lehren uns die Spiele von klein auf, Regeln zu befolgen. Außerdem belohnen sie gutes Verhalten. Wenn wir die Regeln befolgen und sie zu unserem Vorteil anwenden, werden wir im Allgemeinen belohnt. In Computerspielen wie Tomb Raider muss der Spieler ein Rätsel lösen, um in den nächsten Level zu gelangen. Tomb Raider belohnt das Lösen von Problemen und die Fähigkeit, Rätsel zu lösen. Monopoly lehrt die Kinder, dass Eigentum eine Einkommensquelle ist. Hotels auf Grundstücken bringen das meiste Geld ein. Es hilft den Spielern zu lernen, wie sie ihr Geld klug ausgeben und ein Portfolio von Vermögenswerten aufbauen können.

Soziale Kompetenzen

Ausgehend von der Definition aus dem letzten Kapitel, wonach ein Spiel eine Aktivität ist, an der zwei oder mehr Spieler beteiligt sind, die Strategien einsetzen, um bestimmte Ergebnisse zu erzielen, beschränkt diese Definition Spiele auf soziale Interaktionen. Mit dieser Erklärung sind Spiele Spielplätze oder Testgelände für Individuen, um ihre sozialen Fähigkeiten zu verbessern. Erstens lehren sie uns, wie man kooperiert. Rollenspiele wie Dungeons and Dragons setzen beispielsweise auf ein Team von Helden oder mythischen Kreaturen wie Elfen und Orks, um eine Aufgabe durch Kooperation zu erfüllen. Das Gleiche gilt für Dota. Als eines der beliebtesten Internetspiele erfordert Dota, dass Teams verschiedene Helden auswählen, um das andere Team zu besiegen. Jeder Spieler, der einen der Helden steuert, muss lernen, welcher Held für sein Team am besten geeignet ist, und er muss lernen, wie er mit dem Team zusammenarbeiten kann, um das Ziel zu erreichen.

Andererseits gibt es Spiele, bei denen die Fähigkeit, Menschen zu analysieren oder zu verstehen, geübt wird. Diese werden als soziale Deduktionsspiele bezeichnet. Poker, bestimmte Murder-Mystery-Spiele und Secret Hitler sind Beispiele für diese Unterteilung. Poker ist kein reines soziales Deduktionsspiel, aber es beinhaltet sicherlich das Lesen von Menschen. Bei reinen sozialen Deduktionsspielen wie Secret Hitler müssen die Spieler das Verhalten ihrer Freunde analysieren, um herauszufinden, wer Hitler ist, wer die Faschisten sind und wer die Liberalen.

Diese Fähigkeit ist im wirklichen Leben notwendig, denn wir müssen versuchen, in Menschen zu lesen, um herauszufinden, ob man ihnen vertrauen kann oder ob sie uns schaden wollen.

Alles in allem sind sowohl Spiele als auch das Spielen an sich wertvoll, da sie uns dazu bringen, die Dynamik der Zusammenarbeit und das Lesen von Menschen zu lernen. Sie lehren uns auch, wie man Kooperation und Vertrauen in Einklang bringt. Wenn jemand nicht fair spielt, geht dies oft über das Spiel hinaus und könnte ein Hinweis darauf sein, wie er uns in der Gesellschaft behandeln wird. Spiele spiegeln also viele Merkmale des wirklichen Lebens wider. Sie helfen uns bei unserer Entwicklung und Sozialisierung. Wenn wir in die Gesellschaft eintreten, wissen wir, dass es notwendig ist, zu kooperieren - und dank der Spiele haben wir einige grundlegende Kooperationsfähigkeiten erworben - und wie wir die Menschen, denen wir begegnen, lesen oder analysieren können.

Die Spiele, die wir spielen

Im letzten Kapitel haben wir uns mit vier grundlegenden Merkmalen eines Spiels befasst. Egal, ob es sich um ein Strategie-, Arcade-, soziales Deduktionsspiel oder eine Sportart handelt, es ist durch das Vorhandensein oder Fehlen dieser Merkmale gekennzeichnet.

In diesem Abschnitt werden wir untersuchen, wie diese Merkmale beliebte Spiele auszeichnen und erklären, wie sie auf soziale Kontexte des täglichen Lebens anwendbar sind.

Nullsummen- und Nicht-Nullsummenspiele

Spiele können entweder zu einem Nullsummenspiel oder zu einem Nicht-Nullsummenspiel führen. Stein, Papier, Schere ist zum Beispiel ein Nullsummenspiel. Es kann nur einen Gewinner geben. Poker ist ein perfektes Beispiel für ein Nullsummenspiel. Eine einfachere Version von Poker, bekannt als Kuhn-Poker, wird in der Spieltheorie verwendet. Beim Kuhn-Poker enthält das Deck nur die drei Bildkarten (Bube, Dame und König). Den Spielern wird nur eine Karte ausgeteilt. Die Spieler führen eine Wettrunde durch. Sobald die Setzrunde beendet ist, gewinnt der Spieler mit der Karte mit dem höchsten Wert die Runde und die Gesamtsumme aller während der Runde getätigten Einsätze. In jeder Runde geht der Pott an den Spieler mit den höchsten Karten. Ziel des Spiels ist es, das gesamte Geld der Spieler in einem Pool - der in Runden gespielt wird - in die Hände einer Person zu bekommen. Eine Person geht mit den Gewinnen nach Hause. Das Ziel des Spiels ist es also, in einen Wettbewerb einzutreten und zu versuchen, alle Ressourcen zu erhalten. Es handelt sich um ein Nullsummenspiel, da der vom Gewinner erworbene Betrag zusammen mit dem Verlust der anderen Spieler gleich Null ist.

Das Dilemma des Reisenden ist ein Beispiel für ein Nicht-Nullsummenspiel. In dieser Interaktion gibt es zwei Passagiere, die mit identisch aussehenden Koffern fliegen, die die gleichen Waren enthalten. Für den Fall, dass die Fluggesellschaft die beiden Koffer verliert, bietet sie den Fluggästen eine Versicherung an. Der Höchstbetrag, den die Fluggesellschaft zahlt, beträgt 100 Dollar. Die Fluggesellschaft beabsichtigt jedoch, den Fluggästen den genauen Wert des Inhalts ihres Gepäcks zu erstatten. Anschließend fragt der Manager der Fluggesellschaft beide Passagiere getrennt nach dem Gesamtpreis für ihr Gepäck. Da die Strategien der beiden

Reisenden vor dem anderen Spieler verborgen bleiben, können sich die beiden Spieler nicht verschwören, um ein für beide Seiten vorteilhaftes Ergebnis zu erzielen. Wenn Passagier A und Passagier B beide 100 $ aufschreiben, erhalten sie 100 $.

Die Fluggesellschaft hat jedoch eine Klausel eingeführt, die besagt, dass, wenn beide Passagiere eine unterschiedliche Zahl aufschreiben, sie entsprechend der niedrigeren Zahl auszahlen. Darüber hinaus verlangt die Fluggesellschaft eine Strafe von 2 $ für den Passagier, der die höhere Zahl aufgeschrieben hat, und eine Belohnung von 2 $ für den Passagier, der eine niedrigere Zahl aufgeschrieben hat. Auf diese Weise schafft die Fluggesellschaft Anreize für ehrliches Verhalten und bestraft Reisende, die versuchen, aus einer unehrlichen Forderung einen Gewinn zu erzielen. Wenn in diesem Szenario Fluggast A 100 $ und Fluggast B 99 $ angibt, wird Fluggast A mit 2 $ bestraft, so dass er 98 $ erhält. Fahrgast B, der 99 $ aufgeschrieben hat, erhält 101 $. Die Einbeziehung einer Strafe und einer Belohnung macht die Sache also kompliziert. Beide Reisenden werden versuchen, den anderen zu übertrumpfen, indem sie immer niedrigere Zahlen aufschreiben, um ihr Ergebnis zu optimieren. Man mag es kaum glauben, aber das Nash-Gleichgewicht, d. h. die Zahl, die zu einem optimalen Ergebnis führt, ist 2 $. Obwohl Wirtschaftswissenschaftler immer noch behaupten, dass eine höhere Zahl ein besseres Ergebnis bringt, zeigt das Nash-Gleichgewicht zunächst, dass die beiden Reisenden weiterhin versuchen werden, den anderen zu überlisten. Wenn die Strafe und die Belohnung stattdessen viel mehr als 2 $ und 50 $ betragen, versucht derjenige, der 2 $ aufschreibt, 52 $ zu gewinnen. Der Reisende, der 50 $ aufschreibt, erhält in diesem Fall die 2 $, da es sich um einen niedrigeren Betrag handelt, und wird mit 50 $ bestraft, was einen Verlust bedeutet.

Es stimmt, dass das Dilemma des Reisenden eine einzigartige Situation ist. Solche Situationen traten jedoch beispielsweise immer dann auf, wenn die Harry-Potter-Bücher auf dem Höhepunkt ihrer Popularität veröffentlicht wurden. Die Nachfrage nach ihnen war enorm. Die Menschen standen vor den Buchhandlungen Schlange, um ihr Exemplar zu bekommen, sobald es erschienen war. Einzelne wollten jedoch nicht in der Schlange stehen, sondern die Ersten in der Reihe sein. Wenn die Buchhandlung um 9 Uhr öffnete, wollten sie um 8:59 Uhr dort sein. Ein anderer potenzieller Käufer würde versuchen, die anderen auszustechen und um 8:58 Uhr vor der Buchhandlung zu sein. Das Muster des Versuchs, andere Käufer auszustechen, ähnelt sehr dem Dilemma der beiden Reisenden.

Kooperative und nicht-kooperative Spiele

Kooperative und nicht-kooperative Spiele ähneln oft stark den Nicht-Nullsummen- und Nullsummenspielen. Es gibt jedoch einen wesentlichen Unterschied bei den Ergebnissen. Ein Nullsummenspiel endet immer mit einem Ergebnis von Null. Wenn ein Spieler gewinnt, muss der andere verlieren. Ein Nicht-Nullsummenspiel führt nicht zu einem Ergebnis von Null. Nehmen wir zum Beispiel das Dilemma des Reisenden. Selbst wenn Reisende A 2 $ und Reisende B 3 $ aufschreiben, erhält Reisende A - einschließlich ihrer Belohnung - 52 $ und Reisende B - einschließlich ihrer Strafe - 47 $. Die Summe der beiden Ergebnisse ist +5. Das Ergebnis ist also nicht gleich Null. Es handelt sich nicht um ein Nullsummenspiel. Und da es ein positives Ergebnis von +5 gibt, gibt es auch einen Gewinn für alle Beteiligten.

Kooperative und nicht-kooperative Spiele können Nullsummenspiele oder Nicht-Nullsummenspiele sein. Ein Beispiel für ein kooperatives Spiel ist die Hirschjagd. Zwei Jäger werden vor die Wahl gestellt, ob sie ein Kaninchen oder einen Hirsch jagen wollen. Alleine kann ein Jäger erfolgreich ein Kaninchen jagen. Allerdings gibt es nur wenig Fleisch und somit auch nur eine geringe Belohnung für die Jagd auf das Kaninchen. Die Jagd auf einen Hirsch hingegen kann nicht allein bewältigt werden. Die beiden Jäger müssen zusammenarbeiten, um dieses Kunststück zu vollbringen. Die Jagd auf den Hirsch ist sehr vorteilhaft, da er sehr viel Fleisch hat. Das Nash-Gleichgewicht für dieses Spiel ist Kooperation. Beide Jäger sollten mit dem anderen zusammenarbeiten, um den Hirsch zu erlegen, damit beide einen größeren Nutzen daraus ziehen können. Die Hirschjagd ist typisch für ein kooperatives Spiel, da die Umstände es den beiden Jägern erlauben, zusammenzuarbeiten. Außerdem liegt es auch im Interesse der Jäger, dies zu tun, da sie ein Nash-Gleichgewicht erreichen können.

Die Hirschjagd kann geschäftlichen Aktivitäten wie der Produktion oder der Führung eines Haushalts ähneln. Im letzteren Fall, wenn jedes Familienmitglied eine Aufgabe wie Kochen, Abwaschen und Fegen übernimmt, profitieren die Familienmitglieder insgesamt von der Erledigung jeder Aufgabe. Sie können eine anständige Mahlzeit zu sich nehmen und haben eine saubere Küche. Außerdem müssen sie nicht die Verantwortung für die gesamte Hausarbeit übernehmen. Sie müssen nur ihren Teil erledigen.

Andererseits ist das Gefangenendilemma - das im nächsten Kapitel ausführlich behandelt wird - ein nicht-kooperatives Spiel. Die Umstände erlauben es den Individuen nicht, zusammenzuarbeiten.

Perfekte, unvollkommene und unvollständige Informationen

Perfekte Information bezieht sich auf die Kenntnis der Strategien und Ergebnisse, die allen Spielern zur Verfügung stehen. Schach ist ein Beispiel für perfekte Information, da beide Spieler alle Züge kennen, die dem anderen Spieler zur Verfügung stehen. Außerdem handelt es sich um ein Spiel mit vollständiger Information, da die Spieler die Ergebnisse des anderen Spielers kennen. So müssen die Spieler beispielsweise ein Schachmatt oder eine Kapitulation des Gegners herbeiführen. Alternativ dazu ist Poker ein Spiel, bei dem die Entscheidungen der Spieler verborgen bleiben. Das Wissen ist jedoch vollständig, da wir wissen, wie die Ergebnisse oder Auszahlungen des anderen Spielers aussehen. Entweder gewinnt er den Pott oder er gewinnt nicht.

William Spaniel, der Vorlesungen über Spieltheorie hält, erklärt, dass es wichtig ist, perfektes und vollständiges Wissen nicht miteinander zu verwechseln. Dasselbe gilt für unvollkommenes und unvollständiges Wissen.

Perfekt und unvollkommen sind mit den möglichen Strategien verbunden. Vollständiges und unvollständiges Wissen bezieht sich auf die Ergebnisse. Denken Sie daran, dass jedes Spiel drei grundlegende Eigenschaften hat: Spieler, Strategien und Ergebnisse. In der Logik der Spieltheorie ist es von entscheidender Bedeutung, Strategien nicht mit Ergebnissen zu verwechseln.

Normalform und Extensivform

Normalform und extensive Form können auch als sequentielle und nicht sequentielle Spiele bezeichnet werden. Wie im vorangegangenen Kapitel erläutert, werden die Strategien durch die Zeit beeinflusst. Wenn die beiden Akteure gleichzeitig eine Entscheidung treffen, folgt diese einer Normalform-Spielvorlage. Im Allgemeinen wird eine Matrix verwendet, um die möglichen Entscheidungen der beiden Akteure darzustellen. Das Nash-Gleichgewicht bestimmt, welche möglichen Strategien die besten Ergebnisse für beide Spieler liefern.

Huhn ist ein Beispiel für ein Spiel in Normalform. Die beiden Spieler setzen ihre Strategien gleichzeitig um. Chicken ist ein Spiel, bei dem zwei Fahrer direkt aufeinander zurasen. Ziel des Spiels ist es zu zeigen, dass der eine mutiger ist als der andere.

Wenn Fahrer A ausweicht, um eine Kollision vor Fahrer B zu vermeiden, riskiert er, als Feigling bezeichnet zu werden und sein Gesicht zu verlieren. Wenn Fahrer B zuerst ausweicht, kann er ebenfalls als Feigling bezeichnet werden. Wenn jedoch beide Fahrer nicht ausweichen, kommt es zu einem Zusammenstoß der beiden Autos, bei dem die beiden Spieler sterben können. Die Situation der beiden Fahrer mag unrealistisch erscheinen, aber für die Zwecke des Spiels ist sie real.

Chicken wird als Beispiel für Beschwichtigungs- und Konfliktstrategien in der Außenpolitik betrachtet. Mit Hilfe der Mathematik und unter Anwendung eines gemischten Strategieansatzes ergibt sich für dieses Spiel ein Nash-Gleichgewicht, bei dem Fahrer A in einem von 50 Fällen auf Kollisionskurs fährt und in 49 von 50 Fällen ausweicht. Dasselbe gilt für Fahrer B. Selbst bei einem Nash-Gleichgewicht wird eine Kollision nicht immer vermieden. Wenn das Huhn wiederholt auf die Straße gesetzt wird, kommt es zu einer Kollision. Das Nash-Gleichgewicht hat jedoch in einem von 50 Fällen das Geradeausfahren und in 49 von 50 Fällen das Ausweichen als optimale Ergebnisse ergeben.

Eine ausführliche Form beinhaltet das Abwechseln der Spieler. Spieler A ist am Zug. Spieler B kann seine Strategie umsetzen, wenn er die Strategie von Spieler A kennt. Die extensive Form wird in Form eines Baumdiagramms dargestellt. Jeder Zweig oder Knoten zeigt die Strategien, die der Spieler verfolgt. Da ein Spieler die Strategien des anderen perfekt kennt, sind Spiele der extensiven Form durch perfekte Information gekennzeichnet.

Schach ist ein Spiel mit vielen Formen, da es eine unveränderliche Anzahl von Strategien gibt, die jeder Spieler anwenden kann. Wenn es dem anderen Spieler gelingt, ein Schachmatt zu erreichen, endet das Spiel natürlich. Die Anzahl der Züge pro Spiel ist jedoch nicht konstant, wie beim Huhn.

Die Nützlichkeit der Spieltheorie

Wie wir in der Einleitung gesehen haben, als wir das neidfreie Kuchen-Anschneide-Spiel analysierten, stellt der Kuchen Ressourcen dar. Bei der Erarbeitung des Nash-Gleichgewichts müssen wir die Mathematik anwenden, um zu bestimmen, wie die Ressourcen aufgeteilt werden sollen.

Viele der Interaktionen in der Spieltheorie stellen sehr einzigartige oder sogar seltsame Situationen dar. Wir haben uns bereits einige dieser Situationen angesehen: das

Reisendendilemma und das Huhn. Sie scheinen keine große Ähnlichkeit mit den sozialen Interaktionen zu haben, denen wir jeden Tag begegnen. Das gilt nicht unbedingt für das Dilemma des Freiwilligen. Wir werden oft mit Hilfeersuchen von Freunden und Bekannten bombardiert. Diese Bitten können unser Leben beeinträchtigen und uns Verluste einbringen. Daher erklärt das Dilemma des Freiwilligen, dass wir manchmal in einer Situation sind, in der ein "Nein" angemessener ist, und dass wir deshalb "Nein" sagen sollten. Wir sollten nicht mithelfen. Das Dilemma des Freiwilligen bietet dem Einzelnen wertvolle Informationen. Es weist darauf hin, dass wir keine Aufgaben übernehmen sollten, die uns belasten oder die sich negativ auf uns auswirken.

Huhn ist eine weitere Situation, die sehr realitätsfern zu sein scheint. Dies ist jedoch nicht der Fall. Im Falle zweier aggressiver Länder, in denen die Gefahr eines Krieges besteht, bietet das Chicken-Szenario nützliche Strategien für die Führer der beiden Länder. Wie bereits erwähnt, besteht das Nash-Gleichgewicht darin, dass Fahrer A in einem von 50 Fällen auf Kollisionskurs bleibt und in 49 von 50 Fällen ausweicht, während Fahrer B dasselbe tun sollte. Es stimmt zwar, dass ein Krieg nicht immer vermieden werden kann, aber das Nash-Gleichgewicht liefert die optimalen Ergebnisse. In den meisten Fällen wird ein Konflikt vermieden, und beide Länder verringern die Gefahr eines Gesichtsverlusts. In der Außenpolitik hat der "Gesichtsverlust" viel schwerwiegendere Folgen. Diese Länder werden als schwach oder unfähig angesehen, sich zu verteidigen.

Auch wenn die in der Spieltheorie vorgestellten Spiele oder sozialen Interaktionen seltsam erscheinen, so helfen sie uns doch bei der Bewältigung unserer täglichen Angelegenheiten. Wie bei allen Spielen helfen sie uns, Fähigkeiten zu erwerben, um unser Leben bestmöglich zu leben, aber auch um

Entscheidungen zu treffen, die für alle Beteiligten das beste Ergebnis bringen.

Zusammenfassung

Spiele sind in der Gesellschaft entstanden und haben sich organisch weiterentwickelt. Es ist kein Zufall, dass Spiele in allen Kulturen und Nationen der Welt vorkommen. Dieses weltweite Phänomen zeigt, dass es psychologisch sinnvoll ist, Spiele zu spielen oder soziale Interaktionen mit vorgegebenen Regeln zu schaffen, um zu versuchen, entweder zu konkurrieren oder zu kooperieren, um ein bestimmtes Ergebnis zu erzielen. Die Spielforschung versucht zu verstehen, warum Spiele für die Menschen wichtig sind und welche Strategien die besten Ergebnisse für einen selbst und alle anderen bringen. Die besten Strategien können manchmal egoistisch sein, oder sie können bedeuten, feige zu sein. Das Nash-Gleichgewicht versucht jedoch auch, die besten Ergebnisse für alle Beteiligten zu erzielen.

Kapitel 3: Das Dilemma des Gefangenen

Einführung

In jedem der nächsten Kapitel werden wir einige der beliebtesten Spiele oder sozialen Interaktionen in der Spieltheorie analysieren. Wir werden die Situation beschreiben, untersuchen, wie sie sich entfaltet, und dann schließlich das Nash-Gleichgewicht für jede Situation betrachten.

Dann werden wir uns ansehen, wie jedes dieser Spiele Parallelen zu einigen Ereignissen im wirklichen Leben aufweist und wie das Verständnis dieser Spiele uns helfen kann, bessere Entscheidungen in kleineren und größeren sozialen Interaktionen zu treffen.

Denken Sie daran, dass es einige Spiele gibt, die Sie nicht spielen wollen. Mit anderen Worten: Es gibt Situationen, in die Sie nicht geraten wollen. Das Gefangenendilemma ist so eine Situation.

Das Dilemma des Gefangenen

Das Gefangenendilemma ist einer der Eckpfeiler der Spieltheorie. Wenn Sie beginnen, sich mit diesem Thema zu befassen, ist dies einer der ersten Grundsätze, auf die Sie stoßen werden. Das Prinzip des Gefangenendilemmas wurde 1950 von zwei Mathematikern, Merrill M. Flood und Melvin Dresher, bei ihrer Arbeit in einer amerikanischen Denkfabrik entwickelt.

Zwei Mitglieder einer Bande rauben eine Bank aus. Sie wurden verhaftet und werden nun in isolierten Vernehmungsräumen festgehalten. Da es keine Zeugen für die Tat gibt, verlässt sich die Polizei ganz auf ein Geständnis, um die beiden Räuber rechtlich anzuklagen. Die Polizeibeamten versuchen, einen der Gefangenen zu einem Geständnis zu bewegen und damit seinen Partner zu verraten. Daher müssen sich sowohl Häftling A als auch Häftling B entscheiden, ob sie das Verbrechen gestehen und mit der Polizei kooperieren oder ob sie schweigen und mit ihrem Kollegen zusammenarbeiten. Da die beiden Gefangenen in getrennten Vernehmungsräumen festgehalten werden, haben sie keine Ahnung, was ihr Gegenüber tut. Auf diese Weise ist das Gefangenendilemma ein Spiel mit unvollkommenem Wissen, da die Strategien, die jeder Gefangene verfolgt, verborgen bleiben, während der andere Gefangene überlegt.

Hinzu kommt, dass sich die Gefangenen A und B nicht sehr gut kennen. Sie haben bei dem Raubüberfall aus finanziellen Gründen zusammengearbeitet, sind aber weder verwandt noch gut befreundet. Keiner der beiden hat einen guten Grund, dem anderen zu vertrauen. Außerdem wissen beide, dass die Behörden von einem der beiden ein Geständnis einholen müssen.

Wenn Häftling A gesteht, Häftling B verrät und mit der Staatsanwaltschaft zusammenarbeitet, wird er unter der Bedingung freigelassen, dass der andere nicht gesteht. Ist dies der Fall, erhält Häftling B 10 Jahre. Dasselbe gilt für Häftling B. Wenn Häftling B gesteht, Häftling A verrät und mit der Polizei zusammenarbeitet, wird er unter der Bedingung freigelassen, dass Häftling A schweigt. Dann erhält Häftling A zehn Jahre.

Wenn beide Häftlinge schweigen, erhalten sie nur zwei Jahre Gefängnis. Gestehen schließlich beide, erhalten sie die Höchststrafe von fünf Jahren.

Da die beiden Gefangenen nicht wissen, was in dem anderen Verhörraum geschieht, wissen sie auch nicht, welchen Deal ihr Miträuber mit der Polizei macht. Wenn sie ihre Schuld gegenüber der Polizei nicht zugeben und der andere Gefangene dies tut, erhalten sie die Höchststrafe.

Das Nash-Gleichgewicht für das Gefangenendilemma besteht darin, dass beide Gefangenen gestehen und den anderen Gefangenen verraten. Die Anreize, zu schweigen, überwiegen nicht die Anreize, zu gestehen. Das optimale Ergebnis ist, dass beide Gefangenen ihre Schuld zugeben.

Obwohl ein Schweigen für beide Räuber die geringste Anzahl von Jahren im Gefängnis zur Folge hätte, ist es für beide Personen zu riskant zu schweigen. Sie könnten am Ende die Höchststrafe erhalten. Sie wissen nicht, ob der andere mit der Polizei kooperiert, in der Hoffnung, freizukommen.

Das Nash-Gleichgewicht für das Gefangenendilemma besagt, dass es am besten ist, im eigenen Interesse auf Kosten des Kollektivs oder der anderen Person zu handeln, insbesondere unter solchen Bedingungen, unter denen man nicht kooperieren kann.

Die Nützlichkeit des Gefangenendilemmas

Es ist nicht immer in unserem besten Interesse, selbstlos oder zum Nutzen anderer zu handeln. Das Gefangenendilemma ist ein perfektes Beispiel dafür, dass es die am wenigsten riskante Option ist, im eigenen Interesse zu handeln. Das Interessante an diesem Prinzip ist, dass das Nash-Gleichgewicht unter Berücksichtigung der schlechtesten möglichen Ergebnisse erstellt wird. Wenn Sie gestehen und den anderen Gefangenen verraten, kommen Sie frei. Sie haben Glück. Das ist nicht das, was das Nash-Gleichgewicht anstrebt. Es versucht zu vermeiden, dass Sie die Höchststrafe von zehn Jahren im Gefängnis verbringen - das schlimmstmögliche Ergebnis. Es gibt einige Situationen oder Kontexte, denen wir in unserem Alltag begegnen, in denen wir das Prinzip des Gefangenendilemmas anwenden sollten, wenn wir uns dafür entscheiden.

Ökologische Krise

Das Gefangenendilemma gilt für die aktuelle ökologische Krise. So umstritten es auch ist, die beste Strategie im Gefangenendilemma ist laut dem Nash-Gleichgewicht, im eigenen Interesse zu handeln.

Land A erhält die Möglichkeit, alle Industrien und Kraftwerke, die CO2-Emissionen verursachen, abzuschalten. Wenn sie dies tun, sorgen sie für ein längeres Leben auf dem Planeten. Allerdings schwächen sie damit auch ihre Wirtschaft und verringern ihre Produktion. Die Schließung von Kraftwerken führt zum Beispiel dazu, dass weniger Strom erzeugt wird. Wenn Land B dasselbe tut, werden beide Länder geschwächt. Und das Gleiche gilt im umgekehrten Sinne.

Land A weiß nicht, ob Land B die politischen Änderungen tatsächlich durchziehen wird. Es kann die Entscheidung des anderen Landes, die Produktion einzustellen, als Gelegenheit nutzen, um sich einen wirtschaftlichen Vorteil zu verschaffen. Land A weiß nicht in vollem Umfang, ob Land B wirklich umweltfreundliche Maßnahmen ergreift. Daher besteht für Land A die Gefahr, ins Hintertreffen zu geraten, während Land B Gefahr läuft, voranzukommen.

In den internationalen Beziehungen spielt sich dieses Szenario ab. Russland versucht, von der globalen Erwärmung zu profitieren. Der Arktische Ozean, der Russland die meiste Zeit des Jahres verschlossen ist, wird schmelzen und dem Land bessere Handelsmöglichkeiten eröffnen. Darüber hinaus möchten Entwicklungsländer wie Pakistan, Kenia und Sri Lanka ihre Infrastruktur ausbauen, um ihrer Bevölkerung durch die Steigerung ihrer Energieproduktion zu helfen. Pakistan beispielsweise hat mit China ein Abkommen über den chinesisch-pakistanischen Wirtschaftskorridor geschlossen, um Wasserkraftwerke und Kohlekraftwerke zu errichten, um die Bevölkerung mit Strom zu versorgen und die Armut zu bekämpfen. Selbst angesichts der sich abzeichnenden Umweltkrise werden sie, wenn sie nicht in ihrem eigenen Interesse handeln, weiterhin Entwicklungsländer bleiben und auf internationaler Ebene zurückfallen. Diese Regierungen sind auch bestrebt, ihre Bevölkerung zufrieden zu stellen, denn wenn sie das nicht tun, könnten sie selbst abgewählt und durch eine Partei ersetzt werden, die in die Entwicklung des Landes investiert.

Es ist ein umstrittenes Thema. Einige Denker wie Yuval Noah Harari sind der Meinung, dass die Umweltkrise ein Thema von so immenser Tragweite ist, dass sie über nationale Interessen hinausgeht und damit die Logik der Spieltheorie überflüssig macht. Nichtsdestotrotz scheint sich das Gefangenendilemma in der globalen Reaktion auf die ökologische Krise abzuspielen.

Wirtschaft und Business

In der Wirtschaft kann es zu einem Gefangenendilemma kommen. Es gibt zwei Unternehmen, die miteinander um die Vorherrschaft auf dem Markt konkurrieren. In diesem Beispiel handelt es sich um Adidas und Nike.

Adidas möchte seinen Marktanteil erhöhen, indem es seine Preise senkt. Wenn Nike seine ursprünglichen Preise beibehält, wird es seinen Marktanteil verlieren, da mehr Adidas-Artikel verkauft werden. Folglich hat Nike keine andere Wahl, als seine Preise zu senken, um wettbewerbsfähig zu bleiben.

Das Nash-Gleichgewicht für konkurrierende Unternehmen besteht darin, ihre Preise zu senken, um ihren Marktanteil zu halten, oder nach einer noch größeren Marktbeherrschung zu greifen. Interessanterweise führt das Nash-Gleichgewicht sowohl für Adidas und Nike als auch für die Verbraucher zu optimalen Ergebnissen. Beide Unternehmen müssen ihre Preise senken, um wettbewerbsfähig zu bleiben. Bei niedrigeren Preisen geben die Kunden weniger aus. Da die Menschen immer bestrebt sind, weniger auszugeben, entscheiden sie sich für die günstigere Option.

Das Gefangenendilemma hat in der Wirtschaft seine Grenzen. Da Kooperation kein Merkmal des Gefangenendilemmas ist, können beide Unternehmen keine Absprachen treffen. Es stimmt zwar, dass rivalisierende Unternehmen oft nicht miteinander kommunizieren, um sich einen Wettbewerbsvorteil gegenüber dem anderen Unternehmen zu verschaffen, aber es gab auch schon Fälle von Preisabsprachen.

Die Preisfestsetzung ist eine Vereinbarung zwischen Marktteilnehmern auf derselben Seite, ein Produkt, eine Dienstleistung oder eine Ware nur zu einem festen Preis zu kaufen oder zu verkaufen oder die Marktbedingungen so zu gestalten, dass der Preis durch die Steuerung von Angebot und Nachfrage auf einem bestimmten Niveau gehalten wird.

Die Preisfestsetzung ermöglicht die Zusammenarbeit zwischen den Unternehmen. Dies wird sich für die Kunden nachteilig auswirken. Da jedoch eine Zusammenarbeit möglich ist, stellt sie nicht das Gefangenendilemma dar. Doch selbst wenn Nike und Adidas einer Preisabsprache zustimmen, wissen sie nicht, ob ihre Konkurrenten ihr Wort halten werden. Sie könnten gierig werden und trotzdem versuchen, den Bekleidungsmarkt weiter zu beherrschen.

Politik

Das Gefangenendilemma kann auch bei der Entscheidungsfindung in politischen Szenarien hilfreich sein. Es gibt zwei politische Parteien, die um Stimmen werben. Beide Parteien sind sich bewusst, dass sie die Staatsausgaben kürzen müssen. Da der Staat keinen Wohlstand produziert, ist er auf die Steuerzahler angewiesen, um die Schulden zu bezahlen. Wenn die Schulden jedoch zu hoch sind, wird die Partei Stimmen verlieren.

Wenn Partei A Maßnahmen ergreift, um die wachsende Verschuldung einzudämmen, wird sie mehr Zuspruch erhalten. Wenn hingegen Partei B aktiv wird und auf das Problem der Staatsverschuldung reagiert, wird sie mehr Stimmen erhalten. Wenn keine der beiden Parteien etwas unternimmt, um das Defizit zu verringern, werden sie beide Wähler verlieren. Eine weitere Partei, Partei C, wird auftauchen und die politische Vorherrschaft von Partei A und Partei B bedrohen.

Das Gefangenendilemma zeigt also, dass es für beide Parteien am besten ist, das zu tun, was in ihrem eigenen Interesse ist - zu versuchen, bei den Wählern beliebt zu werden. Sie müssen die Wähler ansprechen, indem sie die Staatsausgaben und die Staatsverschuldung reduzieren.

Zusammenfassung

Wenn es um Unternehmensstrategien, die Reaktion auf die Umweltkrise oder die Maßnahmen einer politischen Partei zum Abbau der Staatsverschuldung geht, scheint das Nash-Gleichgewicht des Gefangenendilemmas zu gelten. In Situationen, in denen Unternehmen, Länder und politische Parteien nicht zusammenarbeiten können oder sich nicht sicher sind, welche Strategien ihr Gegenüber verfolgt, und wenn das Risiko besteht, dass diese Methoden mit großen Verlusten für einen selbst verbunden sind, ist es klug, so zu handeln, wie es für einen selbst am vorteilhaftesten ist.

Wenn das Nash-Gleichgewicht auch bei viel größeren sozialen Interaktionen anwendbar ist, ist es auch bei den kleinsten sozialen Interaktionen nützlich. Wenn Sie sich also in einer Situation befinden, in der Sie die Strategie des anderen Spielers nicht kennen. Möglicherweise kennen Sie die andere Person auch nicht sehr gut. Wenn die Strategie des anderen Spielers große Risiken birgt und Sie die Möglichkeit haben, Maßnahmen zu ergreifen, um die Verluste zu minimieren, dann sollten Sie das tun. Die Menschen tun dies bereits die ganze Zeit. Sie schließen Mietverträge ab, lassen keine Fremden in ihre Häuser und zahlen für eine Versicherung, um sich abzusichern.

Kapitel 4: Der Shapley-Wert

Geschichte

1951 arbeitete der amerikanische Mathematiker Lloyd Shapley an seiner These, wie das Problem der Verteilung in einer kooperativen sozialen Instanz gelöst werden kann. Der Shapley-Wert gilt heute als einer der Eckpfeiler der Spieltheorie, da er kooperative Spiele genauer analysiert.

Kurz gesagt, der Shapley-Wert stellt sicher, dass jeder Einzelne an einer gemeinschaftlichen Tätigkeit genauso viel oder mehr verdient als an einer unabhängigen Tätigkeit. Mit anderen Worten, eine Kooperation muss einen Anreiz zur Zusammenarbeit bieten oder eine gleich hohe oder höhere Rendite als bei der Arbeit allein.

Der Shapley-Wert

Es gibt zwei Arbeiter. Arbeiter A kann zehn Kuchen in einer Stunde backen. Arbeiter B kann zwanzig Kuchen in einer Stunde backen. Wenn sie zusammenarbeiten, können sie 40 Kuchen pro Stunde herstellen. Wenn sie alleine arbeiten würden, gäbe es insgesamt nur 30 Kuchen. In diesem Fall übernimmt Arbeitnehmer A einen Teil der Aufgaben wie die Vorbereitung der Zutaten und das Mischen des Teigs, während Arbeitnehmer B seinen Teil der Verantwortung übernimmt und die Kuchen in die Backformen gießt und den Zuckerguss aufträgt. Es besteht ein großer Anreiz für die beiden Arbeitnehmer, beim Kuchenbacken zusammenzuarbeiten, da die Produktivität höher ist. Es wird mehr Kuchen geben.

Die Arbeiter beschließen dann, die Kuchen zu verkaufen. Jeder Kuchen wird für 10 $ verkauft. Der Gesamterlös beträgt 400 $. In Übereinstimmung mit dem Shapley-Wert sollte jeder Einzelne entsprechend seinem Beitrag verdienen. Sie werden das Geld nicht in zwei Teile aufteilen, da Arbeiter B 200 $ erhält, egal ob er allein oder im Team arbeitet. Arbeitnehmer A erhält 200 $ aus der Zusammenarbeit, aber allein hätte er nur 10 Kuchen gebacken und nur 100 $ verdient.

Um zunächst zu ermitteln, wie viel jeder Arbeitnehmer aufgrund der Situation bezahlt werden sollte, müssen wir den Grenzbeitrag jedes Arbeitnehmers bestimmen. Der Grenzbeitrag ist der "Wert der Gruppe mit dem Spieler als Mitglied minus dem Wert der Gruppe ohne den Spieler minus dem Wert, der durch die Arbeit des Spielers allein geschaffen wird". Wenn wir wissen, welchen Wert Arbeiter A oder B zu dem Prozess beiträgt, können wir damit beginnen, zu wissen, wie die Gewinne zu verteilen sind.

In der obigen Situation kann Arbeitnehmer A allein 10 Kuchen backen. Wir subtrahieren seinen marginalen Beitrag von der Gesamtsumme, die 40 beträgt. Nach der Subtraktion erhält man den Endbetrag von 30. Arbeitnehmer B kann 20 Kuchen backen. Wenn man seinen Beitrag von der Gesamtsumme abzieht, erhält man einen Betrag von 20. Um den Beitrag der beiden Arbeiter zum Prozess zu ermitteln, sollten Sie den Gesamtbetrag von Arbeiter A von dem von Arbeiter B abziehen. Arbeiter A erhält eine Differenz von 10. Dann müssen Sie den Durchschnitt zwischen den beiden Gesamtbeträgen ermitteln. Arbeiter A verdient mit seinen 10 Kuchen 100 Dollar und

Arbeiter B mit seinen 20 Kuchen 200 Dollar. Wenn du die beiden addierst und den Durchschnitt berechnest, erhält Arbeiter A $150. Arbeiter B erhält 250 $. Wenn man den Shapley-Wert zu diesem Prozess hinzufügt, gibt es einen Anreiz für beide Arbeiter, zu kooperieren. Arbeiter A erhält einen Zuwachs von 50 Dollar, und Arbeiter B ebenfalls.

Es gibt zwei Begleiterscheinungen des Shapley-Wertes. Wenn zwei Arbeitnehmer oder zwei Parteien die gleichen Dinge in eine soziale Interaktion einbringen, sollten ihre Ergebnisse oder Gewinne genau gleich sein.

Der nächste Punkt ist, dass "Dummy-Spieler keinen Wert haben". Wenn jemand nicht zur Gesamtinteraktion beiträgt, sollte er auch keinen Nutzen daraus ziehen.

Die Nützlichkeit des Shapley-Wertes

Der Shapley-Wert kann bei der Verwaltung sozialer Interaktionen von großem Nutzen sein. Das obige Beispiel von Arbeiter A und B lässt sich auf alltägliche Situationen anwenden, die mit Wirtschaft und Vertrieb zu tun haben. In der Situation von Arbeiter A und B geht es um greifbare Produkte, wie z. B. die Herstellung von Kuchen (Waren), die einen greifbaren Gewinn abwerfen. In abstrakteren Situationen, z. B. bei der Frage, wie viel man Arbeitnehmern mit unterschiedlichen Aufgaben oder Leistungen zahlen soll, ist es schwieriger, dieses Prinzip anzuwenden. Wir werden auch analysieren, wie sich die beiden Begleiterscheinungen des Shapley-Wertes im täglichen Umgang miteinander auswirken.

Bezahlen der Rechnung

Dies ist wahrscheinlich eine, die universell angewendet wurde. Sie wurde von den Shapley-Wertprinzipien abgeleitet. Wenn zwei Personen in ein Restaurant gehen und genau dasselbe bestellen, sollten sie sich die Rechnung teilen. Setzt sich eine Gruppe von Personen zum Essen zusammen, aber eine Person trinkt oder isst nichts, dann muss sie auch nichts zur Rechnung beitragen. Wenn zwei Personen essen gehen, sollten sie nach dem Grenzkostenbeitrag im Verhältnis zu dem bezahlen, was sie bestellt haben. Bestellt Person A Speisen und Getränke in Höhe von 60 % der Rechnung, sollte sie 60 % der Rechnung bezahlen. Dieser Logik folgend ist in einer Gruppe, in der jeder etwas anderes bestellt, die Aufteilung der Rechnung eigentlich nicht im Einklang mit dem Shapley-Wert.

Natürlich gibt es Gründe für diese Abweichung. Manche Menschen sind gut befreundet und haben nichts dagegen, den gleichen Beitrag zu leisten wie ihre Freunde, auch wenn deren Essen weniger teuer wäre. Bei Verabredungen ist es üblich, dass eine Person zahlt, um Höflichkeit oder sogar romantisches Interesse zu zeigen. Gute Freunde oder Verwandte möchten die andere Person zum Essen einladen, um sie zu verwöhnen und ihre Liebe zu zeigen. In Situationen, in denen sich die Personen nicht so gut kennen und kein Vertrauen oder keine Zuneigung zueinander entwickelt haben, kann der Shapley-Wert jedoch sehr nützlich sein, um herauszufinden, wie die Rechnung zu bezahlen ist.

Löhne der Mitarbeiter

Da die Arbeitnehmer unterschiedliche Fähigkeiten haben und es schwierig ist, den genauen monetären Wert eines Arbeitnehmers zu beurteilen, ist es schwierig zu bestimmen, wie viel jeder Arbeitnehmer verdienen sollte. Es reicht nicht aus, die Arbeitnehmer gleich zu bezahlen, wenn ihr Grenzbeitrag unterschiedlich ist. Wie wir im Beispiel von Arbeiter A und B gesehen haben, gibt es für Arbeiter B keinen Anreiz, mit Arbeiter A zusammenzuarbeiten, wenn er mit seinen 20 Kuchen 200 Dollar verdient. Sicherlich wird Arbeiter A von der Zusammenarbeit begeistert sein, aber wenn Arbeiter B beschließt, nicht zum Kuchenbacken beizutragen, wird Arbeiter A wieder 10 Kuchen backen und 100 Dollar verdienen.

Shapleys Logik des marginalen Beitrags wurde von Unternehmen auf der ganzen Welt übernommen. So können beispielsweise Ingenieure, Entwickler und Projektmanager, die erfolgreichere Produktlinien leiten oder erstellen, entsprechend dem Gewinn ihrer Produktlinien verdienen. Wenn die App von Projektmanager A 24 % der Gesamteinnahmen des Unternehmens erwirtschaftet und die App von Projektmanager B 27 %, dann kann ihr Verdienst entsprechend berechnet werden. Ihre Vergütung könnte sich erhöhen, wenn sie einen höheren Prozentsatz des Umsatzes einbringen, was sie dazu ermutigt, den Umsatz zu steigern.

In Übereinstimmung mit dem Shapley-Wert sollten diejenigen, die gleich viel zur Produktion beitragen, auch gleich entlohnt werden. Wenn also zwei Arbeitnehmer die gleichen Fähigkeiten haben, sollten sie auch das gleiche Gehalt erhalten. Dies scheint eine faire Praxis zu sein, aber manchmal funktioniert sie nicht. Manche Arbeitnehmer haben zum Beispiel Marktforschung betrieben und wissen, dass sie ein höheres Paket aushandeln können, während andere nicht so hart verhandeln. Es gibt auch einige Branchen, in denen es schwierig ist, festzustellen, ob die Fähigkeiten genau gleich sind.

In einer Schule gibt es zwei Lehrer. Sie unterrichten beide sechs Klassen. Lehrerin A ist Kunstlehrerin und hat sechs Klassen pro Tag mit allen Klassenstufen, um ihren Stundenplan zu füllen. Lehrerin B ist Erstsprachenlehrerin und unterrichtet sechs Klassen pro Tag, allerdings nur eine Klasse. Die Schüler müssen den Sprachkurs belegen, um die Anforderungen des nationalen Bildungssystems für die Zulassung zum College zu erfüllen. Kunst ist nur für diejenigen erforderlich, die Kunst und kunstbezogene Fächer auf Hochschulniveau studieren wollen. Die Nachfrage nach beiden Fächern ist unterschiedlich. Außerdem erfüllt Lehrerin B mit dem Unterricht des erstsprachlichen Fachs eine Bildungsanforderung der Schule. Kunst ist zwar kein notwendiges Fach, aber es kann Schüler anziehen, die eine besondere Neigung zu diesem Fach haben. Der Shapley-Wert würde in diesem Fall eine nützliche Grundlage für die Berechnung des Gehalts der einzelnen Lehrkräfte bilden. Dazu muss man jedoch genau wissen, wie groß der Beitrag beider Lehrer zu den Gesamteinnahmen der Schule ist.

Internationale Beziehungen

Die Verwendung des Shapley-Wertes für internationale Beziehungen kann eine kontroverse Reaktion hervorrufen. Die USA sind der größte Beitragszahler für Organisationen wie den IWF und die NATO. Der IWF ist ein Fonds, zu dessen Aufgaben es gehört, in Entwicklungsländer zu investieren. Da die USA jedoch der größte Geldgeber sind, sollten sie im Einklang mit dem Shapley-Wert den größten Nutzen aus dem Fonds ziehen. Daher sollten sie den IWF nutzen, um Projekte zu finanzieren, die ihnen Gewinn bringen oder einen gewissen Nutzen bieten.

Außerdem subventionieren die USA bei der NATO etwa 70 % der Organisation. Danach folgt das Vereinigte Königreich. Ihr finanzieller Beitrag zur Organisation ist jedoch etwa ein Zehntel geringer als der der USA. Während die einen argumentieren, dass die USA eine größere Rolle bei der Entscheidung über die Ausrichtung der NATO spielen sollten, sagen andere, dass diese nach der Abstimmung erfolgen sollte. Jedes Land hat eine Stimme. Die Strategie, die die meisten Stimmen der Länder erhält, sollte verfolgt werden. Wenn die zweite Option - die demokratischere - umgesetzt wird, besteht die Gefahr, dass der größte Beitragszahler isoliert wird. Wie wir am ursprünglichen Beispiel des Kuchengeschäfts von Arbeitnehmer A und B gesehen haben, wird Arbeitnehmer A das Angebot zur Zusammenarbeit ablehnen, wenn er keinen Gewinn erzielt oder einen Verlust einfährt.

Die Auflösung des Shapley-Wertes würde darin bestehen, den Grenzbeitrag zu bewerten. Der Anteil der Parteien sollte entsprechend dem Anteil ihres Beitrags Vorteile erhalten. Dennoch bleibt diese Lösung in den internationalen Beziehungen umstritten.

Schlussfolgerung

Der Shapley-Wert hat drei Hauptprinzipien: marginaler Beitrag, Dummy-Spieler erhalten Null für Null-Beitrag, und gleicher Beitrag führt zu gleicher Belohnung. Dieses Prinzip wird in Szenarien der Zusammenarbeit angewandt. Es gibt verschiedene Ebenen der Zusammenarbeit. Zum Beispiel die Entscheidung darüber, wie Einzelpersonen eine Rechnung bezahlen sollen, wie Mitarbeiterpakete berechnet werden sollen und wie viel Mitspracherecht ein Finanzier oder ein Interessenvertreter in einer Organisation haben soll. Der Hauptzweck des Shapley-Wertes besteht darin, Fairness zu fördern und zur Zusammenarbeit anzuregen. Wie beim Kuchengeschäft führt die Zusammenarbeit oft zu einer höheren Produktion. Um die höhere Produktion zu belohnen, müssen die beiden Personen entsprechend ihrem Beitrag zum Prozess oder zur Organisation entlohnt werden, damit es zu einer Zusammenarbeit kommt.

Kapitel 5: Kampf der Geschlechter

Geschichte

Battle of the Sexes (BoS) ist eine weitere beliebte soziale Interaktion in der Spieltheorie. Die amerikanischen Mathematiker R. Duncan Luce und Howard Raiffa analysierten dieses Spiel erstmals 1957 in *Games and Decisions: Introduction and Critical Survey.*

Wie Serrano und Feldman in ihrem Artikel erklären, wird häufig ein Vergleich zwischen dem Gefangenendilemma und dem BoS gezogen. Der Unterschied zwischen dem Gefangenendilemma und anderen spieltheoretischen Situationen besteht darin, dass es eine einfache Lösung bzw. ein Nash-Gleichgewicht gibt. Für BoS gibt es keine solche einfache Lösung.

Kampf der Geschlechter

Es sollte erwähnt werden, dass diese Interaktion wegen der Förderung traditioneller Rollen etwas kritisiert wurde. Erstens wurde sie 1957 entwickelt und ist daher ein wenig konventionell. Sie kann so angepasst werden, dass "Freundin" und "Freund" durch "Spieler 1" und "Spieler 2" ersetzt werden können. Dennoch werde ich den traditionellen spieltheoretischen Ansatz in diesem Buch beibehalten.

Es gibt zwei Menschen, die sich treffen, eine Freundin und einen Freund. Es ist ein Mittwochabend, und sie haben geplant, den Abend gemeinsam zu verbringen. Da sie sich aber schon einige Zeit vorher verabredet haben, wissen sie nicht mehr, ob sie in die Oper oder zu einem Fußballspiel gehen wollen. Da dieses Spiel vor der Zeit der Mobiltelefone stattfand, können sie sich nicht gegenseitig anrufen. Die Freundin möchte lieber in die Oper gehen, während der Freund lieber zum Fußballspiel geht. Am wichtigsten ist, dass beide die Nacht lieber in der Gesellschaft des anderen verbringen möchten als allein.

Daher wäre es für die Freundin das wünschenswerteste Ergebnis, den Abend in der Oper und in der Gesellschaft ihres Freundes zu verbringen. Obwohl sie die Oper liebt, möchte sie nicht ohne die Gesellschaft ihres Freundes sein. Andererseits hasst sie zwar Fußball, aber wenn sie zum Fußballspiel ginge und ihren Freund träfe, wäre es insgesamt kein so schlechter Abend. Das schlimmste Ergebnis für die Freundin ist, dass sie zum Fußballspiel geht und sich das Spiel allein ansehen muss.

In einer Matrix dargestellt, würde das Ansehen der Oper in Begleitung von Boyfriend 3 ergeben, das Ansehen der Oper allein 0, das Ansehen des Spiels in Begleitung von Boyfriend 2 und der Besuch des Fußballspiels ohne Begleitung von Boyfriend 0. Dasselbe gilt für Boyfriend, obwohl seine bevorzugte Aktivität das Fußballspiel ist. Wenn er also Zeit mit seiner Freundin verbringt und sich das Spiel anschaut, wäre sein positives Ergebnis 3, alleine zum Fußballspiel zu gehen 0, Zeit mit seiner Freundin zu verbringen und sich die Oper anzusehen wäre 2 und alleine in die Oper zu gehen wäre 0.

Bei dieser sozialen Interaktion ist es also sehr wichtig, dass die Individuen den Präferenzen des anderen entsprechen und zustimmen. Das Problem ist, dass sie nicht kommunizieren können. BoS ist ein simultanes, kooperatives Spiel, bei dem unvollständige Informationen vorhanden sind. Die Freundin und der Freund kennen die Strategien des anderen nicht. Außerdem müssen sie die Entscheidung zur gleichen Zeit treffen.

Nash-Gleichgewicht

Das Interessante an BoS ist, dass es dafür kein Nash-Gleichgewicht gibt. Oder besser gesagt, es ist unter Spieltheoretikern noch umstritten.

Um eine Lösung zu finden, verfolgen Mathematiker einen ähnlichen Ansatz wie bei Hühnern. Sie überlegen, was Boyfriend und Girlfriend tun sollten, indem sie das Szenario viele Male wiederholen. Wie beim Huhn gibt es auch bei diesem Spiel eine gemischte Strategie. Zur Erinnerung: Eine reine Strategie bedeutet, dass die Spieler nur einer Methode folgen und sich an diese halten, um die besten Ergebnisse zu erzielen. Eine gemischte Strategie hingegen bedeutet, dass die Spieler beide Methoden anwenden können. Da es sich um eine Wiederholung des Szenarios handelt, ist dies möglich.

Das vorgeschlagene Nash-Gleichgewicht sieht vor, dass die Freundin in 3 von 5 Fällen in die Oper geht und der Freund in 3 von 5 Fällen zum Fußball. Sie hätten dann immer noch eine gewisse Chance, einander zu treffen.

Auch dieses Spiel ist angepasst worden. Da die Freundin die Oper bevorzugt, wird sie ein positives Ergebnis von 1 erzielen, und da der Freund das Fußballspiel bevorzugt, wird es zu einem Ergebnis von 1 führen. Die Anwendung des obigen Nash-Gleichgewichts mit dieser Anpassung bedeutet also, dass sie "kein Geld verbrennen" würden, wie es die Theoretiker ausdrücken.

Eine andere Lösung, die vorgeschlagen wurde, ist, dass die Spieler eine Münze werfen. Wenn wir uns an die angepasste Version halten, in der die Freundin in die Oper geht und die Nacht alleine verbringt, dann macht diese Einführung des Zufalls mehr Sinn. Wenn die Münze auf Kopf fällt, müssen die Freundin und der Freund in die Oper gehen. Wenn die Münze auf "Zahl" fällt, ist es das Fußballspiel. Die Mathematik für das Werfen einer Münze führt jedoch zu noch weniger positiven Ergebnissen.

Die Nützlichkeit von BoS

BoS stellt eine ziemlich einzigartige soziale Interaktion dar. Daher gibt es nur wenige soziale Interaktionen, denen es ähnelt.

Tandon Pankaj zeigt in einem Artikel über Spieltheorie eine Geschäftssituation auf, in der BoS anwendbar ist. Es gibt zwei Unternehmen, Kia und Hyundai, die sich auf zwei Compliance-Standards einigen müssen. Das wünschenswerteste Ergebnis wäre, wenn sie dieselben Standards entwickeln oder vereinbaren könnten. Keines der beiden Unternehmen ist jedoch bereit, die Standards des anderen zu übernehmen. So geraten sie in eine Sackgasse.

Die Anwendung des Nash-Gleichgewichts, d. h. die Befolgung der von einem selbst bevorzugten Meinung über die Einhaltung von Normen, ist in der Tat ein Beispiel aus der Wirtschaft. Viele Unternehmen entwickeln keine allgemein akzeptierten Geschäftsstandards.

Hier scheint die Erfahrung zu zeigen, dass die Sackgasse in der Regel siegt. IBM und Apple konnten sich nicht auf ein gemeinsames Betriebssystem einigen, Sony und das VHS-Konsortium waren nicht in der Lage, sich auf ein Standardformat für Videokassetten zu einigen, und in den letzten Jahren ist es den Herstellern von Mobiltelefonen ebenfalls nicht gelungen, sich auf ein gemeinsames System zu einigen.

In einigen arbeitsrechtlichen Fragen ist die BoS von einiger Bedeutung. Angenommen, ein Arbeitgeber und eine Gewerkschaft arbeiten gemeinsam an einem neuen Arbeitsvertrag. Natürlich haben sie einen Interessenkonflikt. Der Arbeitgeber möchte die Kosten niedrig halten, also wird er versuchen, die Löhne der Arbeitnehmer so niedrig wie möglich zu halten. Die Gewerkschaft hingegen möchte die Löhne so hoch wie möglich anheben. Keiner der beiden möchte wirklich die Strategie des anderen verfolgen - so wie die Freundin keine Fußballspiele sehen möchte -, aber die beiden müssen sich einigen, um den Vertrag zu erstellen. Wie bei BoS liegt es sowohl im Interesse des Arbeitgebers als auch der Gewerkschaft, eine Einigung zu erzielen.

Das Nash-Gleichgewicht deutet darauf hin, dass Arbeitgeber und Gewerkschaft in drei von fünf Fällen ihre reine Strategie verfolgen - der Arbeitgeber setzt niedrigere Löhne durch und die Gewerkschaft fordert höhere Löhne. In diesem Fall sind die Ergebnisse jedoch enttäuschend. Es kann sein, dass die beiden sich nie auf die Vertragsbedingungen einigen, und der Vertrag kommt nicht zustande.

Schlussfolgerung

Das Interessante an BoS ist, dass es zeigt, dass selbst das Nash-Gleichgewicht für eine soziale Interaktion zu enttäuschenden Ergebnissen führen kann. Auch wenn das Nash-Gleichgewicht besagt, dass man in drei von fünf Fällen seine reine Strategie anwenden oder die bevorzugte Option wählen sollte, sind viele Theoretiker zu dem Schluss gekommen, dass die Ergebnisse nicht wirklich ideal sind.

Mit den Anpassungen des Spiels können positivere Ergebnisse erzielt werden, da Freundin und Freund ihre eigene bevorzugte Form der Unterhaltung mehr genießen würden als die alternative Unterhaltungsoption. Was die Einhaltung von Normen in Unternehmen und die Verhandlungen zwischen Arbeitgebern und Gewerkschaften betrifft, so deuten die konkreten Ergebnisse darauf hin, dass das Nash-Gleichgewicht nicht zu insgesamt günstigen Ergebnissen führt.

Kapitel 6: Das Tausendfüßler-Spiel

Geschichte

Im letzten Kapitel haben wir eine soziale Interaktion analysiert, bei der das Nash-Gleichgewicht für die soziale Interaktion unter Denkern umstritten war. In diesem Kapitel werden wir ein weiteres beliebtes Spiel in der Spieltheorie untersuchen, das einige interessante Entwicklungen mit sich gebracht hat.

1981 entwickelte Robert W. Rosenthal, ein amerikanischer Politologe, das Tausendfüßler-Spiel. Das Tausendfüßler-Spiel ist ein Beispiel für ein umfangreiches Nicht-Nullsummenspiel, bei dem beide Spieler über vollständige Informationen verfügen.

Das Tausendfüßler-Spiel

Es gibt zwei Spieler, Spieler A und Spieler B. Jeder Spieler ist einmal an der Reihe, beginnend mit Spieler A. In der ersten Runde erhält Spieler A \$0 und Spieler B \$0. Spieler A muss dann entscheiden, ob er das Spiel fortsetzen und Spieler B an der Reihe sein will. Wenn dies der Fall ist, ist Spieler B an der Reihe und erhält 3 \$, während Spieler A 1 \$ erhält. In der dritten Runde erhält Spieler A 4 \$ und Spieler B 2 \$. Wenn Spieler B wieder an der Reihe ist, erhält Spieler B in der vierten Runde 5 \$ und Spieler A 3 \$. Das Spiel wird auf ähnliche Weise fortgesetzt. In jeder Runde werden den beiden Spielern 2 $ hinzugefügt.

Spieler A und B entscheiden abwechselnd, ob sie das Spiel fortsetzen oder das Spiel beenden, um das Geld zu nehmen. Der Spieler, der sich dafür entscheidet, das Spiel zu einem bestimmten Zeitpunkt zu beenden, hat am Ende immer 2 $ mehr als der andere. Insgesamt gibt es jedoch 100 Spielzüge. Der Name Tausendfüßler-Spiel bezieht sich auf die 100 Runden, da ein Tausendfüßler 100 Beine hat.

Nach Ablauf von 100 Runden können beide Spieler jeweils 100 Dollar gewinnen. Daher besteht für beide Spieler ein großer Anreiz, bis zum Ende zu spielen, damit sie beide mit einem rundum positiven Ergebnis nach Hause gehen können. In der 99. Runde hat Spieler A jedoch die Möglichkeit, $101 und Spieler B $99 zu erhalten.

Subgame Perfect Equilibrium

Für das Tausendfüßler-Spiel wird das Nash-Gleichgewicht des Spiels als subgame perfect equilibrium bezeichnet. Ein subgame perfect equilibrium beinhaltet die Anwendung der Backinduktion. Die optimale Wahl zu treffen, bedeutet, dass nur ein Zug im Spiel stattfindet. Ein umfangreiches Spiel wie das Tausendfüßlerspiel wird also immer auf einen Schritt reduziert. Schauen wir uns an, wie dies auf das Tausendfüßlerspiel zutrifft.

Spieler A kann höchstens in der 99. Runde gewinnen. Er wird $101 und Spieler B $99 verdienen. Spieler A ist der Meinung, dass dies am sinnvollsten ist, da er $101 erhält, und er ist auch der Meinung, dass es für Spieler B von Vorteil ist, wenn er $99 erhält. Daher wird er sich dafür entscheiden, das Spiel im 99. Dieser Logik folgend versteht Spieler B in Runde 98 jedoch, dass Spieler A in dieser Runde mehr gewinnen wird. In Runde 98 erhält er 100 Dollar und Spieler A erhält 98 Dollar. Auch für ihn scheint dies ein fairer Tausch zu sein. Daher wird er das Spiel in Runde 98 beenden. Dies nennt man Rückwärtsinduktion. Die beiden Spieler wissen, wie das Spiel verlaufen wird. Auf der Grundlage des Spielverlaufs rechnen sie rückwärts und stellen fest, dass es für sie bei jeder möglichen Runde besser ist, zu einem bestimmten Zeitpunkt aufzuhören, da sie immer dazu dienen, Geld zu verdienen. Das ist in jeder einzelnen Runde der Fall, außer in der ersten Runde. In der ersten Runde verdienen Spieler A und Spieler B $0.

Es klingt zwar absurd, aber das subgame perfect equilibrium oder Nash equilibrium für das Spiel besteht tatsächlich darin, dass Spieler A in der ersten Runde aufhört. Selbst wenn er leer ausgeht, ist es für ihn besser, nichts zu verdienen, als wenn Spieler B in Runde zwei weitermacht, wo er 2 Dollar verdient und Spieler A nichts erhält.

Diskussion

Wie bei BoS gab es auch beim Tausendfüßler-Spiel einige Diskussionen unter Forschern und Mathematikern über das subgame perfect equilibrium. Bei Experimenten mit dem Tausendfüßler-Spiel spielten die Teilnehmer das Spiel viel länger als die erste Runde. Interessanterweise wurden die kürzesten Spielspannen bei Experimenten mit Ökonomen und Schachspielern festgestellt.

Die Forscher stellten auch fest, dass in Fällen, in denen einer der Spieler nicht in der Lage war, den Ablauf des Spiels zu verstehen oder rückwärts zu denken, er geneigt sein könnte, weiterzuspielen, um das Spiel zu Ende zu spielen. Der andere Spieler, der die Dynamik des Spiels besser versteht, wird dies zu seinem Vorteil nutzen. Dennoch ist in solchen Fällen die Wahrscheinlichkeit, das subgame perfect equilibrium zu erreichen, geringer, wenn die beiden Spieler nicht in der Lage sind, die Dynamik des Spiels zu verstehen und die Rückwärtsinduktion anzuwenden.

Ein weiteres Diskussionsthema war das Konzept des Altruismus oder der Reziprozität. Wenn Spieler A und Spieler B miteinander verwandt oder eng befreundet wären, würden sie zusammenarbeiten, um sicherzustellen, dass sie beide die letzte Runde erreichen, in der beide 100 Dollar verdienen. Wie die Forscher erklärten, ist dies ein Beispiel für Altruismus. Wenn sie zusammenarbeiten, um einen gegenseitigen Nutzen zu erzielen, führt dies zu einem noch größeren Ergebnis. Die beiden Freunde oder Verwandten haben zusammengearbeitet, um sich gegenseitig zu helfen, und so wird das Gefühl des Vertrauens und der Gegenseitigkeit verstärkt.

In diesem Fall wäre das Tausendfüßler-Spiel also ein Fall von Kooperation statt von Wettbewerb. Wie bei allen Entschließungen der Spieltheorie wird auch das subgame perfect equilibrium kritisiert, da es den Anschein erweckt, dass es auf Eigeninteresse und nicht auf gegenseitigen Nutzen abzielt. Dies ist vielleicht nur der Fall, wenn Sie gegen jemanden spielen, den Sie nicht kennen. Da Sie kein gegenseitiges Vertrauen aufgebaut haben, können Sie nicht darauf vertrauen, dass der andere das Spiel nicht vorzeitig beendet, so dass er mehr gewinnt als Sie.

Die Nützlichkeit des Tausendfüßler-Spiels

Das subgame perfect equilibrium für den Tausendfüßler scheint das widerzuspiegeln, was in der Realität passiert. Wir werden uns einige Beispiele aus dem wirklichen Leben ansehen, um zu zeigen, dass die Mathematik wahr ist.

Haustier-Sitting

Es gibt zwei Nachbarn, die ein herzliches Verhältnis zueinander haben. Nachbar A bittet Nachbar B, seine Hunde zu füttern und seine Pflanzen zu gießen, wenn er im Urlaub ist. Nachbar B könnte ablehnen, um die Unannehmlichkeiten zu vermeiden. Nachbar B erkennt jedoch, dass dies für ihn eine Gelegenheit ist, in den Urlaub zu fahren, und er könnte dann einen Gefallen bei Nachbar A einfordern. Auf diese Weise entsteht zwischen den Nachbarn eine Beziehung, in der sie sich abwechseln.

Doch das ist vielleicht nicht der Fall. Nachbar B erfüllt vielleicht sein Versprechen und füttert die Hunde von Nachbar A und gießt dessen Pflanzen, aber es kann sein, dass, wenn Nachbar B um eine Gegenleistung bittet, Nachbar A eine Ausrede vorbringt oder, schlimmer noch, seinen Teil nicht erfüllt und die Pflanzen von Nachbar B sterben und die Haustiere verhungern. Dies kann sogar schon bei der ersten Bitte der Fall sein. Nachbar B kümmert sich vielleicht gar nicht darum. Außerdem wird einer der Spieler irgendwann überlaufen müssen. Oder er kann sein Haus verkaufen und wegziehen. Es kann also sein, dass der eine Nachbar profitiert, während der andere nicht profitiert, oder dass er auf lange Sicht mehr gewinnt als der andere.

Es gibt eine interessante Dimension in diesem Beispiel. Das obige Beispiel spielt sich zwischen Nachbarn ab. Was aber, wenn ein Bekannter, den Sie nicht sehr gut kennen, Sie bittet, auf seine Haustiere aufzupassen, während er weg ist? Sie kennen sie kaum. In diesem Fall ist es besser, das subgame perfect equilibrium anzuwenden, was bedeutet, dass jemand, der Sie nicht gut genug kennt, Sie für das Hüten von Haustieren bezahlen sollte.

Anbahnung einer potenziellen romantischen Beziehung

Dies ist eine interessante Version des Tausendfüßler-Spiels. Wir alle kennen diese Situationen, wenn wir jemanden sehen, den wir mögen. Wir schauen sie an, in der Hoffnung, ihren Blick zu erhaschen, und wenn wir das tun, hoffen wir, dass sie reagieren und uns etwas Raum für eine Anbahnung geben. Das kann ein Lächeln, ein Winken oder ein Zwinkern sein. Vielleicht sind wir sogar von Anfang an mutiger. Wir lächeln sie vielleicht an oder versuchen, den Blickkontakt etwas länger zu halten. Von Anfang an spielen wir ein Tausendfüßler-Spiel.

Die Person kann gleich zu Beginn den Blickkontakt abbrechen, keine Lust auf weitere Kommunikation zeigen und uns brüskieren. Person A wird sich verletzt und verletzlich fühlen, aber sie wird wissen, dass sie keine weitere Zeit oder Energie zu investieren braucht. Person B hat ihre Neigungen deutlich gemacht.

Wie in Experimenten gezeigt wurde, waren es im Allgemeinen nur Schachspieler und Wirtschaftswissenschaftler, die vorzeitig aufhörten. Dies spiegelt auch das alltägliche Leben wider. Zum Beispiel sind wir manchmal nicht an einer anderen Person interessiert. Person A lächelt, und Person B lächelt zurück. Person B möchte nicht unhöflich sein. Person A betrachtet dies als ein Beispiel für Gegenseitigkeit, aber es könnte missverstanden werden. Person A sieht die Beziehung als Potenzial für eine romantische Verbindung, und Person B möchte nur freundlich sein. Solche Dinge können letztlich in einer Situation unerwiderter Liebe enden, oder Person A sitzt in der Freundschaftszone fest. Das ist sehr häufig der Fall. Es ist sogar sehr wahrscheinlich, dass mehr Menschen unter diesen Folgen gelitten haben als unter anderen. Um ein solches Schicksal zu vermeiden, kann es sinnvoll sein, das subgame perfect equilibrium von Anfang an anzuwenden. Sie hören so früh wie möglich auf.

Was passiert aber, wenn Person A und Person B beide romantische Neigungen haben? Das ist ganz normal. Es wird oft in Hollywood-Filmen gezeigt, in denen die beiden Spieler Angst haben, den ersten Schritt zu tun. Natürlich wollen sie sich nicht blamieren oder gar die Freundschaft gefährden, also spielen sie das Tausendfüßlerspiel weiter. Auch hier können wir auf die Erkenntnisse aus dem Tausendfüßler-Spiel zurückgreifen. Wenn wir die Person gut kennen, können wir das Spiel mit ihr weiterspielen. Wenn wir sie hingegen erst kennen gelernt haben, sollten wir sie besser kennen lernen, bevor wir ernsthaft in sie investieren. Ein solcher Vorsatz scheint jedoch nur einen weiteren Haken zu bilden. Wir müssen weiterspielen, um sie mit der Zeit kennen zu lernen.

Internationale Beziehungen

In Steven J. Brams und D. Marc Kilgours Artikel "A Note on Stabilizing Cooperation in the Centipede Game" erklären sie, dass nach der Kubakrise ein Tausendfüßlerspiel zwischen den USA und der UdSSR stattfand. Im Gegensatz zu den Interaktionen des Kalten Krieges vor der Kuba-Krise gab es keine etablierte Kommunikation zwischen den beiden Ländern. Diese Interaktionen entsprachen nicht dem Tausendfüßler-Spiel, da es sich um ein Spiel mit unvollkommener Information handelte. Brams und Kilgour zeigen auf, dass "die beiden Supermächte 1963 eine 'Hotline' einrichteten, um eine elektronische Kommunikation zu ermöglichen, die eine zukünftige Krise, die zu einem Atomkrieg eskalieren könnte, verhindern könnte".

Die Hotline ermöglichte es den Parteien, miteinander zu kommunizieren und sich gegenseitig zu versichern, dass sie keine Atomwaffen einsetzen würden. Wie bei allen Beispielen konnten beide Parteien nicht sicher sein, dass die andere Partei nicht zuerst den Knopf für die Atomwaffe drücken würde. Die USA konnten nicht wissen, dass die UdSSR den Knopf gedrückt hatte. Sie würden sich fragen, ob sie ihren eigenen Knopf drücken sollten, um eine gegenseitig zugesicherte Zerstörung herbeizuführen. Wenn sie jedoch das Spiel weiterspielen, streben beide einen Vertrag an, in dem der Frieden verwirklicht wird.

Das subgame perfect equilibrium entsprach in diesem Fall nicht. Beide Länder hatten das Spiel bis zum Ende gespielt, was das Ende der UdSSR bedeutete. Man könnte den Zusammenbruch der Sowjetunion auch einfach als Entscheidung eines Spielers sehen, das Tausendfüßler-Spiel aufzugeben. Es ist aber auch möglich, dass es, wie von vielen Kritikern behauptet, in der Realität Situationen gibt, die die Strategien der Spieltheorie überflüssig machen.

Schlussfolgerung

Während viele spieltheoretische Situationen weit entfernt von alltäglichen Interaktionen zu sein scheinen, spiegelt das Tausendfüßler-Spiel sowohl kleinere als auch größere soziale Situationen wider. Vom Abwechseln über das Beobachten der eigenen Haustiere bis hin zum ersten Schritt in einer Freundschaft oder Beziehung und zu Situationen wie dem Kalten Krieg, in denen ein Land die Motive seines Gegenübers nicht kennt, zeigt sich das gleiche Muster. Wenn das Spiel beginnt, kann jeder Spieler jederzeit aufgeben, was dazu führt, dass der andere Spieler Verluste erleidet. Im Falle der Anbahnung einer romantischen Beziehung sind die potenziellen Kosten der Gesichtsverlust, die Zurückweisung und die Entstehung einer unerwiderten Liebe. Im Fall von internationalen Beziehungen sind die Folgen viel schwerwiegender.

Der Kalte Krieg ist jedoch ein noch extremeres Beispiel dafür. In der Geschichte gab es immer wieder Beispiele dafür, dass Nationen das Tausendfüßler-Spiel beendeten und in den Krieg zogen. Dennoch gibt es viele Menschen, die ihre Führer ermutigen würden, das Spiel zu Ende zu spielen, anstatt das subgame perfect equilibrium anzuwenden. Dies ist vielleicht gar keine so schlechte Option. Wenn die beiden Nationen zu einem früheren Zeitpunkt in den Krieg ziehen, hatten sie noch keine Zeit, ihre Waffen zu entwickeln. Daher kann es für beide Seiten weniger verheerende Folgen haben, wenn sie das Spiel frühzeitig beenden, da das Wettrüsten keine Zeit hatte, sich zu entwickeln.

Schlussfolgerung

Seit ihren Anfängen hat sich die Spieltheorie durchgesetzt. In der heutigen Welt haben moderne Philosophen wie Naval Ravikant und Simon Sinek die Techniken der Spieltheorie angewandt, um Ratschläge für Einzelpersonen und Unternehmen zu geben. Man kann zwar argumentieren, dass die Spieltheorie für Eigeninteresse und nicht für gegenseitigen Nutzen plädiert, aber es gibt auch Beispiele wie das Huhn, das in 49 von 50 Fällen empfiehlt, Konflikte zu vermeiden. Dennoch scheint der Grundsatz zu gelten, dass der Einzelne sich für die Option entscheiden sollte, die für alle Beteiligten die besten Ergebnisse bringt. Interessanterweise ist es so, dass, wenn beide Individuen in ihrem eigenen Interesse handeln, die Folgen für beide optimale Ergebnisse ermöglichen. Vielleicht ist das die Rationalität hinter dem Handeln im eigenen Interesse.

Es gibt Kritiker, die vorschlagen, dass die Spieltheorie unmoralisch ist oder nicht im Rahmen einer moralischen Kapazität handelt. Ich möchte das Buch jedoch mit den Worten von John Nash schließen. Nashs berühmter Satz zeigt, dass dies ganz und gar nicht der Fall ist: "Das Beste für die Gruppe ist, wenn jeder in der Gruppe das tut, was für ihn und die Gruppe am besten ist". Das ist es, was uns die Spieltheorie lehrt zu tun. Das ist die Kunst, oder besser gesagt die Wissenschaft, der Spieltheorie.